新一代预警信息发布系统设计

韩强　曹之玉　惠建忠　王佳禾　兰海波　翁向宇　等　编著

气象出版社
China Meteorological Press

内 容 简 介

本书以"国家突发事件预警信息发布能力提升工程"的建设为契机,以国家突发事件预警信息发布系统为基础,全面梳理我国预警信息发布体系的建设情况,深入剖析预警信息发布领域的业务需求,整体规划和设计了新一代国家突发事件预警信息发布系统的核心功能以及与外部系统的对接功能,并以预警信息国、省、市、县一体化的整体思路设计我国预警信息发布标准体系,从而为全国各地预警信息发布系统的建设以及新一代国家突发事件预警信息发布系统个性化应用提供技术和标准规范的支撑。本书适合于从事预警发布与传播工作的同仁借鉴。

图书在版编目(CIP)数据

新一代预警信息发布系统设计 / 韩强等编著. —— 北京 : 气象出版社, 2023.5
ISBN 978-7-5029-8009-2

Ⅰ. ①新… Ⅱ. ①韩… Ⅲ. ①突发事件－预警系统－系统设计－中国 Ⅳ. ①X4

中国国家版本馆CIP数据核字(2023)第140535号

新一代预警信息发布系统设计

Xinyidai Yujing Xinxi Fabu Xitong Sheji

出版发行:气象出版社		
地　　址:北京市海淀区中关村南大街 46 号	邮政编码:100081	
电　　话:010-68407112(总编室)　010-68408042(发行部)		
网　　址:http://www.qxcbs.com	E - m a i l:qxcbs@cma.gov.cn	
责任编辑:邵　华　张玥滢	终　审:张　斌	
责任校对:张硕杰	责任技编:赵相宁	
封面设计:艺点设计		
印　　刷:北京建宏印刷有限公司		
开　　本:787 mm×1092 mm　1/16	印　张:7.75	
字　　数:197 千字		
版　　次:2023 年 5 月第 1 版	印　次:2023 年 5 月第 1 次印刷	
定　　价:60.00 元		

编写人员

韩　强	曹之玉	惠建忠	王佳禾	兰海波	翁向宇
赵晶晶	郭　杰	刘丽媛	杨继国	宋瑛瑛	陈　瑾
李　超	宋雅静	赵建明	朴明威	刘晓丹	鲍雅芳
陈　洋	沈晨笛	赵大鹏	王　然	黄大卫	王昊宇
胡明新	周馥荔	刘国刚	常占来	李　翔	付铁强
张凤娇	回天力	范天罡	王　涛		

前　言

　　国务院办公厅印发的《"十一五"期间国家突发公共事件应急体系建设规划》（国办发〔2006〕106号）和《关于"十一五"期间国家突发公共事件应急体系建设规划的实施意见》（国办函〔2007〕68号）都提出了建设国家突发事件预警信息发布系统的目标。2011年，作为国家"十一五"应急体系规划中的重点项目之一的国家突发事件预警信息发布系统全面启动建设，于2015年5月建设完成并开始业务运行。该系统实行统一开发、三级部署（国、省、市）、四级应用（国、省、市、县）的模式，初步实现了国家、省、市三级预警信息发布平台互联互通，并在每一级平台上，横向上实现了预警信息发布平台与预警信息发布单位、政府应急管理部门之间的互联互通。

　　随着国家突发事件预警信息发布系统被各部门广泛应用，这种统一开发、分级部署的模式也越来越满足不了各地的个性化需求，同时也出现一系列的问题，如预警信息发布能力向基层延伸薄弱、面向重点领域和行业的预警信息发布能力不足、预警信息覆盖面有待提高、预警信息发布精准性不够、预警信息发布标准体系不健全等，特别是在预警信息传输上存在严重的延时现象，无法满足快速预警信息发布的需求。

　　近些年来，预警信息发布工作在防灾减灾中发挥了越来越大的作用，预警信息发布系统的建设工作在各省、市、县也随之全面展开，广东、天津、北京、广西、湖南、陕西等地陆续建设了本地的预警信息发布系统。因缺乏统筹规划和统一构架，各省、市、县建成了许多以垂直系统为主架构模式的小而全、分离且异构的业务系统。在这种相互独立的体系架构中，必然导致了一系列基础业务功能的重复建设，也使得作为全国一体化的国家突发事件预警信息发布系统的基础业务功能不能很好地实现，同时国、省、市、县各级预警信息发布系统的有机衔接出现了很大问题，预警信息传输延时现象越来越严重，更为重要的是这种体系架构不利于全国预警信息发布体系的可持续发展，今后系统的更新换代所面临的问题将会越来越复杂，系统间的集成需求也会成倍增多。同时，系统间的无序互联也进一步加剧了体系结构的复杂性，最终影响整个预警业务的发展，也对防灾减灾工作产生不利影响。

　　为了完善和改进国家突发事件预警信息发布系统，《国务院办公厅关于印发国家突发事件应急体系建设"十三五"规划的通知》（国办发〔2017〕2号）将"国家突发事件预警信息发布能力提升工程"列为重点工程项目进行建设，而新一代国家突发事件预警信息发布系统也成为"国家突发事件预警信息发布能力提升工程"重点建设内容之一。新一代国家突发事件预警信息发布系统在"互联网＋"的发展趋势下，为了满足预警信息快速、精准发布的迫切需求，在国家突发事件预警信息发布系统设计经验基础之上，对现有业务体系进行横向切割，逐步形成系统的分层架构，并在新的架构模式下，原有的以业务域划分的系统边界将被打破，一些基础的平台系统、支撑系统将被引入，并针对原有的业务系统进行拆分、解耦和重新定位，将系统向水平融合的方向推进，并提供开放运营的能力，建设成一套先进、稳定、易用、高效、可拓展的预警信息发布系统,为优化预警服务资源配置、创新预警服务供给方式、精准对接预警服务受众、完善预警服务生态体系、满足各种持续变化和不断创新演进的各级预警相关业务系统提供支撑。

　　本书以"国家突发事件预警信息发布能力提升工程"的建设为契机,以国家突发事件预警信息发布系统为基础,全面梳理我国预警信息发布体系的建设情况,深入剖析预警信息发布领域的业务需求,融合服务化架构、云计算、大数据等业界先进技术和理念,整体规划和设计了新一代国家突发事件预警信息发布系统的核心功能、外围功能以及与外部系统的对接功能,并以预警信息国、省、市、县一体化的整体思路设计我国预警信息发布标准体系,从而为全国各地预警信息发布系统的建设以及新一代国家突发事件预警信息发布系统个性化应用提供技术和标准规范的支撑。

　　本书在编制过程中,得到了国家预警信息发布中心、国家气象信息中心、各省(区、市)气象局同行的大力支持,在此表示感谢!

　　谨以此书献给参与全国预警信息发布相关工作的同仁,希望此书能够对大家的系统建设有所帮助。

　　由于编者的水平有限,书中难免有疏漏和不当之处,恳请指正。

作者

2021 年 12 月于国家预警信息发布中心

目　录

第1章 国家突发事件预警信息发布现状

1.1 国家突发事件预警信息发布系统

1.1.1 国家突发事件预警信息发布系统建设情况

国家突发事件预警信息发布系统是国家"十一五"应急体系建设规划中的重点项目之一。2006 年,考虑到气象部门已有的垂直管理体系和较为成熟的预报预警业务体系,同时又具备一定信息发布手段基础,国务院决定由中国气象局承建国家突发事件预警信息发布系统,为各部门发布预警信息提供统一权威的重要平台。2007 年,中国气象局启动工程立项工作,2010 年,项目可研获得批复,2011 年,全面启动建设,2015 年,系统正式运行,2016 年,项目通过验收,初步建成了覆盖全国的国家突发事件预警信息发布体系。

一是构建了"一纵四横"预警信息发布平台。建成了国家突发事件预警信息发布平台,建设了 1 个国家级、31 个省级、343 个地市级发布管理平台和 2015 个县级预警信息发布应用终端,实现在国、省、市三级部署和县级应用,初步形成"一纵四横"的业务体系。

二是初步实现多灾种预警信息统一发布。在国务院办公厅的指导下,中国气象局加强与各有关部门的沟通,分批次落实与国家突发事件预警信息发布系统的应用对接工作。目前,已完成 76 类预警信息的实时收集、共享和快速发布。

三是建立了多手段并用的预警信息发布渠道。建成了"12379"国家突发事件预警信息发布网站,实现了 31 省(区、市)统一使用"12379"短信号码发布预警信息,同时开通了微博和微信公众号,建成了"12379"手机应用,构成了统一品牌下多种信息发布渠道。在利用气象部门已有发布手段的基础上,充分利用社会媒体资源,国家突发事件预警信息发布系统不仅可通过手机短信、互联网、广播、电视、报纸、户外媒体、楼宇电视、车载信息终端、显示屏等渠道发布预警信息,还实现了与阿里支付宝、腾讯微信、新浪微博的无缝对接,预警信息传播覆盖率在新媒体方面实现快速增长。

四是初步实现了多部门应用。2015 年 6 月 30 日,国务院办公厅印发《国家突发事件预警信息发布系统运行管理办法(试行)》。在原国务院应急管理办公室的协调和督导下,各部委积极配合做好系统应用的对接工作。

五是预警信息发布在防灾减灾与应急管理工作中发挥显著效益。国家突发事件预警信息发布系统搭建了多部门预警信息共享、协调合作、应急联动的平台,推动各地逐步建立了以预警信息为先导的全社会应急联动机制,预警信息成为了应急工作的"发令枪",促进了防灾减灾应急联动效率提升。

1.1.2 预警信息发布相关业务系统建设现状

我国突发事件预警信息发布体系在长期发展中取得了很大的成绩,有关部门都在积极推进预警信息发布系统建设,初步构成了利用电视、互联网、基层广播网和无线电通信发布预警信息的灾害监测预警系统,为提高灾害预警水平和各地政府迅速组织防灾抗灾救灾工作提供了条件,推动了灾害管理工作的科学化和规范化进程。

国家广播电视总局正在着力推进全国应急广播体系建设,成立了国家应急广播中心。**中国地震局**建立了地震灾害预测系统,由 48 个地震台组成数字地震网、23 个省级区域数字遥测地震台网和 56 个地壳运动观测网络、400 多个台站组成我国的地震前兆观测网络和预警系统,在确保安全的前提下实现了地震速报的全自动发布。原**国家林业局**于 2003 年建成了森林、草原火灾遥感监测预警业务系统,可以开展全国及周边地区森林、草原火情监测服务,在国家面临严峻的防火形势时发挥监测和预警作用。**交通运输部**建立了中国公路信息服务网,主要发布公路交通突发事件预警、公路交通阻断信息及应急处置信息,高速公路交通事故预警机制及系统建设正在进行相关研究。**民政部**建立了国家减灾网,通过自然灾害灾情手机报、民政微语发布灾情信息、救灾情况等。原**国家安全生产监督管理总局**建立了灾害预警及事故警示通报系统,对灾害预警信息进行发布及煤矿事故警示进行通报。

此外,在其他事故灾难、公共卫生以及社会安全预警等方面,各有关部门也积极探索建立了针对本部门的突发事件预警机制,重点面向部门内部负责人发布预警信息,并积极向社会公众进行发布。

1.1.3 预警信息发布机制

2016 年 5 月 9 日,国家突发事件预警信息发布工作推进会召开以来,各级政府积极推动本省(区、市)预警信息发布工作,进一步明确了省级预警信息发布工作业务主体和工作机制。

出台了系统运行管理办法,完善预警信息发布工作法治保障体系。2015 年 6 月 30 日,国务院秘书局印发《国家突发事件预警信息发布系统运行管理办法(试行)》,全国各省(区、市)根据该办法制定并印发了省级突发事件预警信息发布管理办法。这些管理办法旨在明确预警信息发布中政府、部门、行业、媒体和公众职责以及预警信息发布流程,明确运营商、社会媒体需要承担的社会责任,公众可通过各种途径主动获取、有效利用预警信息,采取积极措施切实保障生命财产安全,也让预警信息发布工作的机制有章可循。

推动建立了多部门共建共用机制,形成多部门支持系统建设和应用的强大合力。各部委积极配合做好系统应用的对接工作,全部 16 个预警信息发布责任单位完成预警信息发布确认书的反馈备案工作;工业和信息化部积极协调运营商推进"12379"预警短信免费,建立快速发布"绿色通道";原国家新闻出版广电总局加快国家预警信息发布系统与应急广播体系的对接;武警、人民防空等联合发文推进四级突发事件预警信息全接入;地方财政加大了支持力度,多个省级预警信息发布系统建设项目获立项,部分地方已经将预警信息发布运行经费纳入政府购买服务。2019 年 2 月 15 日,中国气象局与应急管理部在北京签署关于建立应急管理与气象监测预报预警服务联动工作机制的框架协议,双方在国家、省、市、县四级数据共享、信息服务、应急响应、基层共建、科普宣传以及国家突发事件预警信息发布系统建设等方面深化合作,共同提升应急管理能力和水平。

完善业务机构,提升国家突发事件预警信息发布系统运行保障能力。2015 年 2 月,中央机构编制委员会办公室正式批复,成立国家预警信息发布中心。同年 5 月,国家预警信息发布中心正式启动业务运行。截至 2022 年 11 月,全国共有 25 个省级、173 个市级、863 个县级已批复成立预警信息发布中心。随着机构和人员队伍的实体化,国家预警信息发布系统稳定运行的保障能力进一步提升。

1.2 面临的问题与挑战

通过国家突发事件预警信息发布系统的建设,我国首次拥有了全国一体化的突发事件预警信息发布平台,建立了一套较为完整的预警信息发布、传输的业务流程和信息流程,为我国突发事件预警信息的收集、处理、审核、发布、传播工作提供了一个规范、合理、高效的平台;利用气象系统已有的手机短信、网站、电话、广播、电视等发布手段,解决了部分公众预警信息的接收问题,使我国应对突发事件的能力提高了一个台阶。但是由于受工程建设经费以及技术能力的限制,仍然存在很多问题和不足,主要表现在以下几方面。

1.2.1 预警信息向基层延伸和发布能力薄弱

国家突发事件预警信息发布系统建设了国、省、市三级管理平台和县级终端应用,但对县级及以下延伸不足,基层发布能力较为薄弱。县级以下对预警信息的发布、共享和应用的需求是最旺盛的,但县级及以下仅有一个简单的应用终端,远远不能满足各地预警信息发布的需求;系统接入本地化手段的能力较弱,基层预警信息发布工作效率不高,不能满足县级政府对该系统提出的服务需求,系统的长效运维机制也无法得到保障。另外,我国是一个统一的多民族国家,多数民族都有自己的语言,其中朝鲜族、蒙古族、藏族、维吾尔族、哈萨克族等有大片聚居区,人口均在百万以上,亟须民族语预警服务。

1.2.2 面向重点领域和行业预警信息发布能力不足

国家突发事件预警信息发布系统实现了与预警信息发布单位的连通,新建或对接了短信平台、网站、电子显示屏、大喇叭等发布渠道,但是一些涉及国计民生的重点领域与行业还未与系统建立有效连接,预警信息发布的时效性和安全性较差,特别是交通、海洋、能源、卫生等领域,在突发事件来临时易造成重大损失,行业负责人和重点领域人群,需要第一时间接收和掌握突发事件情况,及时做出反应和部署安排。所以,有必要提升面向重点领域和行业的预警信息发布能力。

1.2.3 预警信息覆盖面距离需求尚有一定的差距

国家突发事件预警信息发布系统在利用气象部门已有发布手段的基础上,充分利用社会媒体资源,不仅可通过手机短信、互联网、广播、电视、报纸、户外媒体、车载信息终端、显示屏等渠道发布预警信息,还实现了与阿里支付宝、腾讯微信、新浪微博、今日头条、抖音的无缝对接。

预警信息传播覆盖率在新媒体方面实现快速增长,但是在实际对接中,还存在安全风险、基础设施建设不足等问题,总覆盖范围仍不理想,特别是对通信基础较差但灾害频发的偏远农村、山区、牧区和海区仍然缺乏有效的预警信息覆盖手段,距离预警信息公众覆盖率95%的目标尚有一定的差距。

1.2.4　预警信息发布时效精准性不够

国家突发事件预警信息发布系统是利用传统技术手段和传统终端设备等建设的信息化系统,云计算、大数据、物联网、智能终端等新技术在预警信息发布中没有得到充分应用;系统建设的网站、手机短信息、广播电台插播、电视插播、电话传真等各种发布手段大都依托和利用社会公共资源,发布时效要受到各种社会公共资源的能力制约。整体来看,各种手段的发布时效不够;现有预警信息发布范围还是局限在某个行政区域,对灾害影响区域、影响程度未能结合区域、人群特点及承灾体的脆弱性、暴露度开展综合影响分析和灾害评估,突发事件预警信息难以达到精准有效发布,预警效果难以满足防灾减灾的需求。

1.2.5　系统的安全性稳定性有待进一步提高

国家突发事件预警信息发布系统基本满足信息系统安全等级保护要求,但面对当前复杂多变的互联网安全攻击态势,安全防范技术亟须推陈出新,国家突发事件预警信息发布系统的安全性和稳定性在整体上还存在诸多需要提高的空间,如身份认证、发布手段安全管理、网站系统安全、发布信息安全、系统建设和整体系统的稳定运行等方面都需要进一步加强,以满足更多系统用户使用的需求。

国家突发事件预警信息发布系统建成了一套自上而下的统一规范的预警信息发布系统,但由于系统开放性不够,接口不灵活,对各地的个性化需求考虑不足。各地由于地形和灾害特点的不同,需要对预警信息采集方式、发布流程和传播手段做本地化的灵活配置。系统存在部门个性化预警信息接不进、本地化发布渠道发不出的现状。另外,在基本功能基础上,各省的个性化需求功能不能兼容,亟须改造系统架构,支持可扩展性,满足各省定制再开发本地化功能的需求。

1.2.6　系统的运行监控能力有待提高

预警信息的快速、安全、有效发布,是应急管理运行机制中的关键环节,直接影响到各地区、各部门对突发事件的应急处置。国家突发事件预警信息发布系统监控功能分别置于发布管理平台、网站等各分系统中,尚未建设专用的预警信息发布全流程监控机制,尤其是在预警信息与电视台、广播电台、大喇叭系统、电子显示屏系统、微博、手机客户端等渠道对接时,预警信息发布平台及终端的无序化接入,使得预警信息发布的准确性和时效性无法得到保证,对预警信息发布系统造成极大的安全隐患。预警信息的收集、处理、发布和接收等未实现一体化监控与管理,无法保证预警信息可靠发布。

1.2.7　预警信息发布机制建设有待完善

国家突发事件预警信息发布系统建设完成后,基本建立了预警信息发布的工作机制。全国各地印发了系统运行管理办法,但对整个系统横向对接、部门间共享、全社会传播和上下协调的运行管理都尚未形成有约束力的机制,距离各部门有效联动、各渠道按策略发布、各单位按预案应急的良性机制的建立尚有很大差距。预警信息发布机制涉及发布单位权限、预警信息发布流程和社会发布渠道与发布系统有效衔接等多个环节,但目前在这些环节中还存在如下几个问题:**一是发布单位责任不明确,尚无统一规范。**各预警信息发布单位对于预警信息采集和审批及签发等业务环节还未明确,尚未出台具体的文件标准规范作为预警信息发布的业务标准。**二是预警信息发布中心尚无完备的预警信息发布流程规范。**预警信息发布中心在接到各部门的预警信息后,预警发送的人员、媒体、手段等下游环节没有规定。**三是预警信息发布范围没有明确规定。**预警信息需要明确规定以哪种手段在多大的范围内传播。**四是传播单位包括社会媒体的权限和责任尚无明确规定。**有可能会造成预警信息的漏传或是频传、滥传,各行业、联动部门在收到预警信息后如何做好联动,各自的职责还未有明确要求,导致预警信息发布延误,有可能失去预警信息的意义和作用。

1.2.8 预警信息发布标准体系不健全

通过国家突发事件预警信息发布系统的建设和运行,初步形成了相关的技术标准和管理规范,但是全国标准体系缺乏顶层设计和整体布局,标准规范较为零散。一般在预警信息发布系统的通信、数据接口、功能要求等方面具备一些标准,对预警信息的定义、来源、加工整理及发布有一些规范,但均未形成全国统一的标准,需要形成一套具备全局性的预警信息发布标准体系,涵盖预警信息采集、传输、发布、共享、反馈等各环节,规范系统对接、终端接入、多元化应用等各部分的技术标准和管理规范,确保预警信息发得出、收得到。

第 2 章　需求分析

《国务院办公厅关于印发国家突发事件应急体系建设"十三五"规划的通知》(国办发〔2017〕2号)将"国家突发事件预警信息发布能力提升工程"列为重点工程项目进行建设,这是对新一代预警信息发布系统提出的新要求,需要仔细梳理分析不同部门、不同用户、不同业务流程的需求,提升系统设计的科学性、规范性水平。

2.1　社会功能需求分析

2.1.1　履行好为各部门提供预警信息发布综合渠道的职能

为了提升各部门使用发布平台的工作效率,通过技术手段提升自动化水平,推动更多部门的预警信息及提示信息接入国家突发事件预警信息发布系统,完善部门间预警信息共享机制,推动各地区、各部门突发事件应急管理体系与国家突发事件预警信息发布系统进行有效衔接,实现突发事件的预警信息、风险提示、重要通知公告、科普等信息通过国家突发事件预警信息发布系统第一时间权威发声,需要进一步推动发布系统能力建设,提升预警信息的覆盖面和时效性,强化对发布系统用户的服务能力提升,提升信息反馈、评估和传播数据分析能力。

2.1.2　完善国家预警信息发布工作机制,建立健全法规标准体系

为了推动预警信息发布监管机制建立,规范预警信息是否发、何时发、如何发、发给谁的具体策略,需要结合国家突发事件预警信息发布系统近年的实际运行情况,制定有关预警信息发布的法规条例,强化预警信息对公众传播标准的建立。

2.1.3　融入社会资源,建立与互联网企业和社会媒体的联动机制

为了强化预警信息共享服务功能,需要加强与手机厂商、移动运营商、社会行业头部企业、社会主流媒体的联系和沟通,充分使用企业和媒体最新发布技术和传播渠道,快速、及时、准确地传播信息。

2.2　业务需求分析

2.2.1　业务功能需求

针对国家突发事件预警信息发布系统存在预警信息覆盖面不足、预警信息精准靶向发布

能力不强、预警信息快速发布技术和机制不完善、预警信息发布系统功能不够完善、新技术新手段应用不足、各地建设发展不平衡不充分等问题，建设新一代预警信息发布系统，为各涉灾部门提供适应自身需求的突发事件预警信息发布应用和定制化服务，拓展精准发布渠道，充分发挥新媒体和社会传播资源作用，建立突发事件预警信息发布与传播的立体网络，减少预警信息接收"盲区"，提高灾害预警信息发布的准确性、时效性和社会公众覆盖率。在省、市、县实现本级预警信息发布手段的连通和配置，提升在省级、市级、县级的预警信息发布手段传播能力，实现面向域内的多部门、多渠道、多手段传播矩阵的构建。

针对系统反馈评估能力尚不能满足现有需求以及预警信息的收集、处理、发布、接收等未实现一体化监控与管理等问题，加强预警信息发布综合业务管理功能，对国家突发事件预警信息发布系统的全业务、全流程、全应用、全设备、全手段进行统筹监控与管理，确保国家突发事件预警信息发布系统安全稳定运行、快速应急响应；通过可视化技术对业务全流程运行状态进行一体化展示，实现对预警信息发布到多种渠道的时间和结果以及发布后多种渠道反馈结果的监控、记录以及统计分析，确保每次预警各个环节都可以追溯，实现留痕管理。通过个性化开发预警信息发布责任单位所需的服务展示系统，全方位地展示和监控预警信息发布责任单位发布的相关预警以及其需要关注的所有预警信息的发布流程和发布结果，包括预警信息发布到多种渠道后的时间和结果以及发布后多种手段反馈结果的监控、记录、统计分析，确保各个环节都可以追溯，实现全程系统记录和综合管理。通过分析预警信息发布的评估数据，反映各手段发布效率，为发布策略的优化提供方向，为持续改进完善预警信息发布工作提供依据。

2.2.2　业务流程需求

新一代预警信息发布系统是一体化预警信息发布平台，预警信息发布机构与政府应急管理部门之间可以通过本平台实现互联互通、信息实时共享和快速发布（图 2-1）。各涉灾部门可以使用本平台实现适应自身需求的突发事件预警信息发布应用和定制化服务，各预警信息制作单位提供预警信息，对接到新一代预警信息发布平台，面向不同事件、不同用户选用不同的发布策略，匹配不同的主渠道或辅助渠道，实现预警信息"一键式"发布，精准送达到相应受众人群、使用单位及基层应用部门，在特定情况下实现秒级传输和发布；系统可以收集相关用户、终端、渠道的反馈信息，对反馈和回执信息进行分析用于优化发布策略和发布工作，实现预警信息"更广""更快""更准"地发布与送达。

2.2.3　用户需求分析

根据防灾减灾救灾的管理体制与工作机制，对使用新一代预警信息发布系统的用户，分为"五类部门、五类人群"。

从平台应用服务的涉灾部门分类，对平台有使用需求的部门可以分为五类：一是政府应急管理和指挥部门；二是预警制作发布单位，包括各级气象、水利、自然资源、卫生、环保、林业等有预警信息制作需求的部门；三是预警传播单位，包括各级电视台、广播电台、通信运营商、人防、互联网企业、主要社会媒体等；四是预警使用单位，包括民政、武警、消防、教育、通信、电力、交通、重点企业、重点场所、社会组织等对接收预警信息有旺盛需求的部门；五是预警信息发布管理工作机构，主要是各级预警信息发布中心。

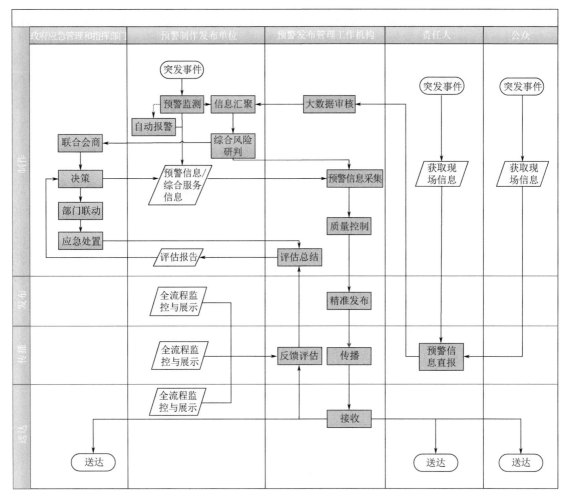

图 2-1　突发事件预警信息发布业务流程图

从平台信息服务的送达角度分类,对预警信息、防灾减灾决策支撑信息及科普信息有需求的用户有五类:一是各级政府决策者,包括国、省、市、县、乡镇各级党政领导;二是涉灾部门应急责任人和联系人,包括预警制作单位、预警传播单位、预警使用单位的各级责任人与联系人;三是基层责任人,指在基层直面防灾减灾工作的村长、居委会主任、河长、网格管理员、信息员等;四是企事业单位安全责任人,包括学校、医院、重点企业、重点场所、旅游景区、水库、社会组织的安全负责人;五是广大社会公众。

从上述单位用户和个人用户在突发事件应对的预防与准备、监测与预警、处置与救援、恢复与重建 4 个阶段的工作职能出发,开展对信息发送、接收与应用相关的需求分析,整理出不同部门和用户在突发事件应急处置工作流程的各环节需求分析表(表 2-1)。

表 2-1　应急处置工作流程各环节用户需求分析表

应用对象		平时	事前	事中	事后
		预防与准备	监测与预警	处置与救援	恢复与重建
部门 (平台 应用)	政府应急管理 和指挥部门	责任人管理、需求定制、 全流程监控、应急演练、 发布政令	信息接收	现场连线、预警信 息现场直报、决策 辅助、指令下达	总结评价、案例 分析

应用对象		平时	事前	事中	事后
		预防与准备	监测与预警	处置与救援	恢复与重建
部门（平台应用）	预警制作发布单位	责任人管理、需求定制、预案管理、应急演练、科普宣传	监测报警、风险研判、预警制作、发布	参与联合会商	总结评价、案例分析
	预警传播单位	联系人管理、应急演练、科普宣传	信息传播、结果反馈		总结评价、激励
	预警使用单位	责任人管理、需求定制、预案管理、应急演练、科普宣传	信息接收、风险研判、信息转发	接收指令	总结评价
	预警信息发布管理工作机构	全流程监控、信息安全管理、标准规范建设	传播渠道管理、反馈收集、全流程监控	传播渠道管理、反馈收集、全流程监控	统计分析、总结评价、案例归档、案例分析、满意度调查
人员（终端应用）	各级党委政府决策者		接收预警、风险研判、信息转发	移动办公：会商、查询、批示、指令下达	
	涉灾部门应急责任人和联系人、基层责任人、企事业单位安全责任人	接受科普、培训、演练	接收预警、信息转发	接收指令、转发信息、响应反馈、灾情上报	激励
	社会公众	接收政令、科普信息	接收预警	接收信息、求救、报平安、报灾	激励

2.2.4 监控管理需求分析

1. 自上而下的管理体系建设需求

为实时掌握各个系统节点运行状态,实现全业务、全流程监控,以便把握业务数据在各个环节的处理状态并实现监控数据的可视化,新一代预警信息发布系统需要实现全业务、全流程、全应用、全设备、全手段的全国统筹管理,保障系统监控与运维人员高效工作与规范管理,确保新一代预警信息发布系统安全稳定运行、快速应急响应。通过全国预警信息发布业务的统筹管理实现对预警信息生命周期、预警业务流程、各类发布手段、预警共享服务、突发直报、预警风险研判、系统基础资源和安全态势的全流程、全业务监控。通过监控业务管理,可以分级、分类、分角色、分场景综合展示预警信息、业务状态、系统运行、共享服务以及用户、终端等信息。通过监控数据的统计分析,根据配置策略捕获各类故障事件,将故障状态报警通知相关人员,追踪与指导故障处理过程。

2. 规范统一的标准体系建设需求

为更加有效地对预警信息发布运行进行科学管理,需要制定相应明确的运行管理规范,其中包括技术标准规范和业务管理规范。由于国家突发事件预警信息发布系统涵盖各个部委的预警信息,如何将其进行无缝连接并准确高效发布成为整个系统建设的重点,需要一套严格的技术标准规范来保障整个系统的一致性。除需要制定统一规范的信息传输、信息存储、系统监视、系统集成、预警信息发布的技术标准外,还需要制定与各类发布手段对接与约束的技术标准、预警信息发布的认证技术规范、预警信息共享技术标准、发布管理平台与接收终端交互协议的标准规范等。由于预警信息的传播渠道多种多样,发布手段多样化,面向预警信息各个传播渠道与发布手段,需要制定和实施统一标准的数据传输格式和传输规范,使得各类各级通信系统以及相关的数据存储和管理系统等达到传输数据格式的标准化和统一的接口应用。

3. 科学量化的评价体系建设需求

为使新一代预警信息发布系统更好地发挥效益,需要多渠道获取预警信息,需要对预警信息发布时效性、覆盖面和有效性进行分析。国家突发事件预警信息发布网站,要能够收集用户访问量、地域分布、其他网站转发情况;预警信息电话发布系统要能够收集向应急责任人通知情况,收集公众反馈的事件信息;预警信息手机 APP 发布系统要能够收集预警信息覆盖面和发布时效,收集应急责任人上传的现场图文信息,收集应急责任位置和处置状态信息;媒体与行业预警信息发布系统要能够收集部门与行业发布渠道信息,以及通过这些渠道发布时效和覆盖面信息。新一代预警信息发布系统需要能够将这些手段收集的信息进行综合分析,为部门决策指挥提供支撑。

2.3 数据流程分析

新一代预警信息发布系统数据流程如图 2-2 所示。

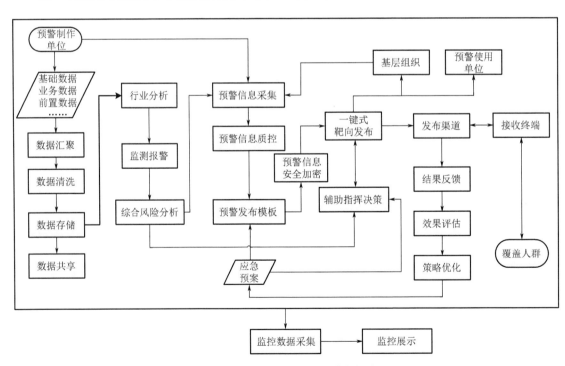

图 2-2 新一代预警信息发布系统数据流程图

(1)将基本数据、预警数据、突发事件直报数据和各部门共享数据等进行汇聚,并将这些数据存储和共享。

(2)通过对这些数据进行行业分析和监测预报,为综合研判提供输入数据。

（3）根据行业分析和监测预报结果，进行风险研判，对突发事件潜在影响区域进行综合研判，得出综合研判结果。

（4）根据综合研判结果，进行预警信息制作和质控，并按照相应模板完成预警信息的制作。

（5）进行突发事件预警信息靶向发布。其他部门和基层预警信息也可以进行靶向预警信息发布。

（6）根据靶向预警信息及应急预案，进行应急指挥。

（7）发布渠道将靶向预警信息传输到各终端，覆盖相应人群。

（8）预警信息发布后，进行发布评估，根据评估结果进行靶向发布策略优化。

（9）采集整个预警过程的监控数据，并可进行展示。

2.4 系统功能和性能需求分析

2.4.1 功能需求分析

新一代预警信息发布系统按照打造成为国家综合防灾减灾救灾的重要信息发布平台的目标，在服务对象分类需求分析的基础上，凝练出平台服务功能。按照防灾减灾与突发事件应急处置的流程，将平台服务功能梳理设计为以下两个部分：

1. 一体化预警信息发布功能

针对预警信息发布还存在着覆盖"盲区"、基层发布能力仍然薄弱、多部门预警信息接入困难、预警信息发布的及时性和精准性较弱等问题，一体化预警信息发布主要包括预警采集、处理和分发功能以及预警信息发布主渠道和辅助渠道建设、部委个性化应用和省级示范应用。提升综合预警信息处理和分发能力，根据用户所关注的地域、预警事件类型等需求，分析用户访问习惯，向其提供所需的预警信息。针对发布精准性和盲区问题，建设面向决策人群的叫应系统，升级面向基层责任人的短信系统，建设面向公众的手机软件预警信息快速精准推送系统，建设预警信息互联网共享服务系统，全面推进建设预警信息发布中心的官方渠道。

2. 突发事件与预警信息的综合业务管理功能

综合业务管理功能包括国家级监控平台、预警评估与反馈、突发事件现场直报等部分。国家级监控平台主要包含预警业务管理及全流程监控、发布渠道监控、预警信息共享服务、预警信息生命周期监控、政务外网对接交换监控、预警业务产品加工监控以及国、省同步流程监控和综合展示等功能；预警评估与反馈主要包含统计分析展示、效果评估、评估管理、用户反馈分析等功能；突发事件现场直报主要包含现场气象信息速报、直报 APP 对接等功能，实现现场情况采集、传输、加工、存储、突发事件上报、现场情况展示、数据管理等功能。

2.4.2 性能需求分析

新一代预警信息发布系统的运行需要高可靠性、海量数据交互能力的网络交互系统和高性能、安全的数据计算机系统来支撑实现，系统的性能需求一是保证系统可以满足通常业务的数据流量和响应时间要求；二是系统能够承载峰值时的最大负荷。具体包括以下 6 项。

（1）可靠性：系统具有故障自动恢复能力的高可用性（99.99%），满足 7 天×24 小时的不间断服务需求。

（2）查询响应：一般数据查询响应时间<1 秒，复杂海量数据查询响应时间<3 秒。

（3）制表速度：一般固定表格制表不超过 5 秒，复杂统计汇集表格不超过 5 分钟。

（4）数据库并发：数据库支持超过 500 个用户/秒的并发访问能力。

（5）Web 访问并发：单系统具备不少于 300 个用户的并发访问能力。

（6）预警信息传输时效：预警信息传输时间<1 分钟，监测实况数据<5 分钟，反馈结果数据采集时间<15 分钟，跨部门静态数据传输<1 小时。

第3章 系统总体设计

3.1 建设内容

3.1.1 系统核心功能建设

新一代预警信息发布系统核心功能建设包括预警信息采集分系统、处理分系统、分发分系统、共享分系统、面向决策人群的"12379"电话叫应分系统、面向公众的预警信息快速精准推送分系统和预警信息互联网共享服务分系统、面向基层责任人的"12379"短信系统,系统将进一步加强预警信息综合处理、分发和共享服务能力,提高预警信息发布的准确性、时效性,减少预警信息接收"盲区",提高预警信息社会公众覆盖率。同时建设全流程监控分系统,通过可视化技术对业务全流程运行状态进行一体化展示,实现对预警信息发布后多种渠道反馈结果进行监控、记录以及统计分析,确保每次预警各个环节都可以追溯,实现留痕管理。

3.1.2 系统外围功能建设

建设预警评估与反馈分系统,反映各手段发布效率,为发布策略的优化提供依据,为持续改进完善预警信息发布工作提供参考。建设预警信息现场直报分系统,为灾害现场决策处置人员和有关部门、行业责任人第一时间报送事态信息提供手段,提高决策效率。

3.1.3 与外部系统对接

建设国家部委个性化应用分系统,在 PC(个人计算机)端和移动端定制预警信息发布系统,提升部委应用系统发布预警信息的效率。建设国家部委个性化服务分系统,根据预警信息发布责任单位关注的预警信息发布流程和发布结果,个性化开发服务展示系统,实现全程系统记录和综合管理。

3.1.4 系统标准体系建设

规划国家突发事件预警信息发布标准体系,做好应对突发事件时的应急准备工作,减少突发事件带来的不利影响;更好地发挥社交媒体在气象灾害预警信息传播过程中的作用,提高信息传播的效率和质量,提升社交媒体参与应急管理工作的能力和水平;规范应急管理过程中所涉及的组织机构之间预警信息数据交换的消息结构,从而增强已有和新建信息系统之间的互通性,提高突发事件预警信息发布工作的效率。

3.2 总体设计方案

3.2.1 总体架构

新一代预警信息发布系统充分利用中国气象局气象大数据云平台专有云(简称专有云)基础设施资源,在统一标准规范体系与安全保障体系下,实现多层服务,为应急减灾处置工作提供系统支撑、技术支撑。建成"四层两体系"的系统架构,"四层"包括基础资源与平台服务层、数据服务层、软件服务层和用户服务端,用户可以在各个层级按需接入或者定制服务;"两体系"分别是标准规范体系和信息安全与保障体系。

系统总体架构如图 3-1 所示。

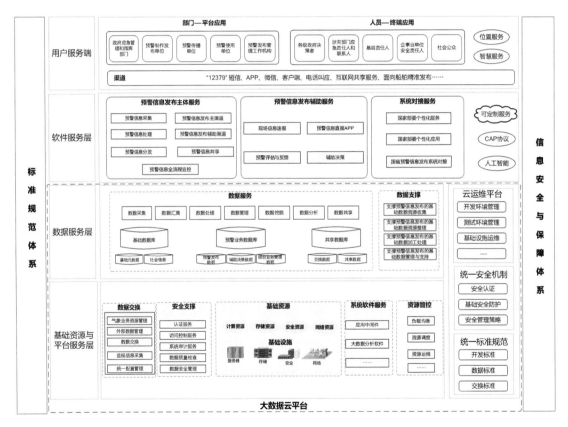

图 3-1 新一代预警信息发布系统总体架构图

基础资源与平台服务层为云平台提供网络、存储、计算能力和数据交换能力等软硬件资源的基础支撑服务。

数据服务层为各种数据的汇聚、分发提供接口服务,对数据进行组织与管理,利用基础资源层对数据进行存储。

软件服务层是基于 CAP 协议(Common Alert Protocol,通用警报协议),经过封装的、以用户个性化定制为主的形式提供服务,包括预警信息发布主体服务、预警信息发布辅助服务、系统对接服务等。

用户服务端为政府应急管理和指挥部门、预警制作单位、预警传播单位、预警使用单位等各部门提供平台应用,各级政府决策者、应急管理部门及涉灾部门应急责任人和联系人、基层责任人、企事业单位安全责任人和广大社会公众提供终端应用服务。

3.2.2 系统功能

新一代预警信息发布系统按照打造成为国家综合防灾减灾救灾的重要预警信息发布平台的目标,在服务对象分类需求分析的基础上,按照防灾减灾救灾与突发事件应急处置的流程,将系统功能梳理设计为:

一是一体化预警信息发布功能。建设基于云架构的一体化预警信息发布平台,为国家各涉灾部门提供适应自身需求的突发事件预警信息发布应用和定制化服务;拓展精准发布渠道,充分发挥新媒体和社会传播资源作用;建立突发事件预警信息发布与传播的立体网络,减少预警信息接收"盲区",提高灾害预警信息发布的准确性、时效性和社会公众覆盖率;在省、市、县实现本级预警信息发布手段的连通和配置,实现发布手段的实时交互传播能力;提升省级、市级、县级的预警信息发布手段对接能力,实现面向域内的多部门、多渠道、多手段传播矩阵的构建。

二是综合预警信息辅助决策支撑功能。将预警信息和气象专家会商意见及气象支持决策方案推送给相关负责人,全方位展示灾害过程发生的情况,推演影响范围,启动针对灾害位置点的多部门人工精细化气象支持决策服务,通过地图、定位和数据采集多种方式,提供满足用户按需定制的服务。

三是预警信息的综合管理功能。主要包括全流程监控、国家部委个性化服务、预警评估与反馈、突发事件发生过程中的现场直报等,实现全流程的综合业务监控。

四是提升预警信息发布基础支撑能力。主要依托气象基础设施云平台的统一设计,实现统一管理,集约布局,满足本系统所有数据的存储,加工流水线数据调度和算法管理;扩建计算资源,满足本系统产品加工计算需求。

3.2.3 技术架构

技术框架分为集成框架部分和技术框架部分。

1. 集成框架部分

新一代预警信息发布系统集成框架采用两个维度的划分策略。纵向维度上,将复杂的系统通过组件和模块化的思路简单化,并通过微服务的方式实现功能的整合;横向维度上,将业务、技术分离,将多种业务规则和稳定的业务逻辑分离,实现系统在业务和技术两大方面的可扩展性。

系统集成框架包括以下内容。

(1)预警信息软件应用集成框架:管理微服务、版本控制、版本下发、调用监控、微服务注册、微服务发现、统一维护微服务插件,在国家级和省级实现二级部署。

(2)预警信息软件应用市场:集成预警信息相关的微服务,包括数据服务、基础服务、数据分析服务、地理信息服务、数据传输服务。本应用部署在国家级,省级通过申请的方式获得相应服务并下发使用。

（3）现有省级个性化应用或新的个性化应用通过规范集成规则提交个性化应用申请,审批后将个性化应用提交到预警信息软件应用市场中统一管理。

（4）市、县级用户可选择使用省级预警信息应用软件或现有省级预警信息发布系统。

2. 技术框架部分

新一代预警信息发布系统按照插件化设计理念,基于"微服务＋容器"技术架构搭建。

（1）数据接入层:建立统一的数据汇集引擎,支持文件共享、FTP、HTTP 等接口调用,实现多源预警数据的按需汇集。

（2）基础框架开发层:将微服务划分为基础组件、核心组件、通用组件、个性化自定义组件。其中基础组件包括数据采集、数据处理、数据分发、数据检索、监控分析、数据传输;核心组件包括产品加工、靶向发布、数据分析、评估反馈、手段对接;通用组件包括账号服务、权限服务、角色服务、日志服务;个性化自定义组件包括国家级或省级单位按照规范开发的微服务,支持横向扩展。

（3）微服务层:通过注册中心、配置中心、治理中心、服务监控、安全管理、事务管理模块对微服务进行集中管理,通过标准接口提供服务。

（4）访问服务层:遵循数据标准规范,提供一系列服务能力,通过提供标准化数据集服务接口供预警信息发布系统的调用。

3.2.4 系统指标

新一代国家突发事件预警信息发布系统以"更广、更快、更准、更好用"的预警信息发布核心能力为提升目标,实现以下业务技术指标。

1. 更广——渠道广、类型广、应用广

（1）预警信息社会公众覆盖率达 90％以上。

（2）建立面向偏远农村、海区的预警信息发布能力。

（3）依托预警信息共享服务分系统,搭建国家级预警信息发布渠道资源共享平台。

（4）融入多部门防灾减灾数据 10 类以上。

（5）系统应用功能满足政府应急管理和指挥部门、预警制作单位、预警传播单位、预警使用单位和预警信息发布机构在预警信息发布上的需求。

（6）实现针对应急提示类、生活服务类和科普宣传类信息的发布支撑功能。

2. 更快——发现快、研判快、决策快、发送快

（1）建设预警信息现场直报系统和基于阈值的自动监测报警能力,可处理文字、图片、音频、视频等报送信息,提高突发事件风险管控能力。

（2）建设预警信息辅助决策系统,提高多灾种综合风险研判和决策支持能力,实现靶向发布辅助分析技术从无到有的业务应用。

（3）制定预警信息发布优先级策略,实现高级别预警快速发布。

（4）满足不同受众、不同类型预警信息的发布范围与发布时效要求。

3. 更准——精准预警、精准服务、精准发布

（1）提供基于地理信息系统(GIS)的精准预警落区研判分析工具,实现精准判定影响范围和影响人群的预警信息制作、预警信息发布与传播功能。

（2）构建基于位置的精准预警信息发布能力,通过显示屏、大喇叭、短信等渠道实现面向公众的精准靶向发布服务。

(3)通过短信、语音外呼和手机 APP 渠道实现定制化精准发布服务。

(4)充分利用互联网推送技术提升预警信息的快速和精准发布能力,实现预警信息面向行业的精准服务。

(5)系统支持针对不同区域受众的多语言预警信息发布。

4. 更好用——稳定、开放、安全、共享、可管

(1)完善反馈评估、监控展示、留痕管理等应急业务管理功能。

(2)完善国家突发事件预警信息发布标准体系。

(3)评估反馈主要业务实现自动化过程,自动化水平提高至 70% 以上。

3.3 主要技术路线

3.3.1 智能手机应用推送

手机具有便携快速、互动性强、可精准定位等特点,其优势是传统的信息发布手段无法比拟的,尤其随着 4G 和 5G 的发展,智能手机得到快速发展和普及。智能手机被利用在气象预报及预警信息发布方面已有诸多先例,目前软件是下载量较多的生活类移动应用软件类型,附带预警信息发布功能也成为发展趋势。这类移动终端综合利用定位系统、地理信息系统等多种信息融合技术、实时拍照摄像及信息上传技术,提供了高精准、高并发、社交化、高互动的智能服务,其服务内容涵盖天气实况及预报、预警信息发布、空气质量报告、天气实景互动、灾情信息上传等,服务方式逐步以简单工具类软件向生活资讯类、社交类软件转变,用户规模日益庞大。

传统的预警信息发布渠道受技术条件限制,在发送速度和精准度上受到极大限制。如北京"7·21"特大暴雨灾害期间,虽然气象部门和通信部门立即采取了灾害应急措施,向全市市民进行预警短信的发送操作,但由于基站能力有限,短信发送通道极为拥堵,有些用户是在半小时后才得到预警信息的提示。目前,国内推送市场已经形成了以第三方消息推送服务商为主、互联网企业自主研发、手机厂商为有效补充的市场发展形式。其中,第三方 APP 消息推送服务商以其专业的推送服务,在国内推送市场上占据了主流地位。

APP 消息推送(push)指的是 APP 开发者(运营者)通过长连接技术,保持系统后台与终端手机用户之间的在线信息触达技术。消息推送是 APP 运营的方式之一,可以实现提高用户活跃度、信息告知、交叉推广等功能,它作为 APP 的基本功能之一,已经在移动终端上实现了广泛覆盖。

相比传统的手机短信消息,APP 消息推送有着诸多优势。

(1)速度快:APP 消息推送借助长连接通道发送,从后台发送到终端接受,仅需毫秒即可完成。

(2)并发高:手机 APP 消息推送速率为几十万条/秒,部分专业服务商甚至可达百万条/秒。

(3)到达率高:比如通过第三方消息推送平台,APP 消息到达率可达 98% 以上。

(4)精准度高:APP 运营者可以根据用户的线上行为数据和线下场景数据,进行用户画像及 LBS(地理位置服务)分析,从而针对每个人进行"千人千面"的精准化消息推送运营。智能手机新技术的涌现为完善我国预警信息发布体系提供了新的手段和新的机遇,手机 APP 消息推送具有终端唯一性,覆盖范围十分广泛,利用手机 APP 作为通道进行的预警信息下发具有覆盖广、速度快、高精准的特点,是预警信息发布未来最重要的信息化手段。

3.3.2 泛终端应用

泛终端就是无处不在的、有形或无形的终端,它已突破传统终端的概念,从个人计算机、手机等传统终端形式向可穿戴设备、智能家居、车联网等多样化的形式延伸,泛终端体现的是无微不至的感知与服务。

随着移动互联网和物联网时代的到来,泛终端已开始进入全民普及时代。随着多终端无缝接收预警信息的时代即将到来,未来多终端自动适配的预警信息发布服务,基于位置、时间、跨平台、多终端的用户交互服务,将极大地提高预警信息发布的时效性、覆盖面、精准性。

3.3.3 精准靶向发布

通过充分整合气象、交通、自然资源等多部门数据、全面互联互通及数据的深度挖掘,利用物联网、云计算、决策分析优化等技术,通过信息处理和信息资源整合,实现分众化、网格化、场景化智慧预警精准发布,可大大提升预警信息发布效率和防灾减灾应对能力。

精准靶向发布技术及其应用效果有以下两点:

1. 基于地理围栏技术的网格化智慧预警信息发布

基于地理围栏技术的网格化智慧预警信息发布将移动基站数据、站点监测数据、灾害预警等数据融合至预警信息发布平台,根据预警规则和发布规则转换成可输出的预警信息,实现基于移动基站定位数据的网格化智慧预警精准发布。同时根据移动区域人群流动的用户热力监测图,通过阈值的设定,实现系统的自动告警,为各级政府及预警信息发布单位提供辅助数据支撑。

2. 利用用户画像技术实现分众化预警信息的精准发布

分众化预警信息的精准发布是根据预警事件类型和级别,智慧筛选预警区域范围内活跃用户,基于用户画像、位置和需求等大数据分析开展分众化的预警信息精准发布。预警信息发布从面向预警责任人用户转变为面向灾害影响区域的手机活跃用户,全面提升预警信息的发布效益。

3.3.4 预警信息发布评估与反馈

预警信息发布的评估与反馈能力是体现预警信息发布能力的一个重要环节。随着预警信息发布技术的发展和应用,预警信息发布的评估与反馈也逐步从单一指标评估向多指标评估、注重数量评估向质量评估的方向发展。传统的评估受技术发展的限制,评估过程多依靠社会化调查机构的问卷调查对用户进行评估。随着云计算技术的发展以及大数据应用的普遍性特点,预警信息发布评估与反馈的模式和评估技术方法可以实现多源数据整合,在线调查和统计分析实时进行,评估指标根据数据采集方式进行整合计算,从而实现对预警信息发布全流程的评估,对预警信息发布和使用的多用户反馈,评估产品智能化积累和检索,以及实现评估产品的用户需求反馈与个性化推广。

3.3.5 微服务架构

新一代预警信息发布系统采用基于微服务的应用管理技术,构建预警信息发布平台的微服务资源池,提供预警信息发布服务、发布反馈服务、多级传输服务、发布对象服务、发布内容服务、发布优先级服务等微服务内容。系统采用微服务架构的设计模式,将已有的预警业务应用分割成一系列细小的服务,使得每个预警微服务专注于单一业务功能,运行于独立的进程中,进而使得服务之间边界清晰。将国家突发事件预警信息发布系统中原有的功能进行解耦,使得我们能够有针对性地对某些具体功能进行拓展,也更方便吸纳新的服务资源,同时采用轻量级通信机制相互协调、沟通来实现完整的应用,从而提升新一代预警信息发布系统的整体功能。

第4章　系统核心功能设计

4.1　概述

针对目前国家突发事件预警信息发布系统存在预警信息覆盖面不足、预警信息精准靶向发布能力不强、预警信息快速发布技术和机制不完善、预警信息发布系统功能不够完善、新技术新手段应用不足、各地建设发展不平衡不充分等问题,新一代预警信息发布系统将重点建设基于云架构的一体化预警信息发布系统(核心功能系统),为各涉灾部门提供适应自身需求的预警信息发布应用和定制化服务,拓展精准发布渠道、充分发挥新媒体和社会传播资源作用,建立预警信息发布与传播的立体网络,减少预警信息接收"盲区",提高预警信息发布的准确性、时效性和社会公众覆盖率。具备在省、市、县实现本级预警信息发布手段的连通和配置的功能,实现多种发布手段的实时交互传播。提升省级、市级、县级的预警信息发布手段对接能力,实现面向域内的多部门、多渠道、多手段传播矩阵的构建。

4.2　组成

新一代预警信息发布系统的核心即一体化预警信息发布系统,主要包括预警信息采集分系统、预警信息处理分系统、预警信息分发分系统、预警信息共享分系统、预警信息发布主渠道分系统、预警信息全流程监控分系统。一体化预警信息发布系统组成如图 4-1 所示。

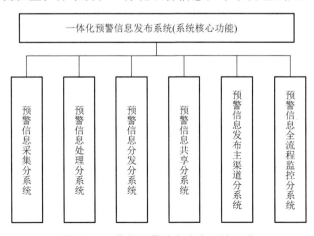

图 4-1　一体化预警信息发布系统组成

4.3 预警信息采集分系统

4.3.1 概述

预警信息采集分系统负责对发布的预警信息做前期准备工作与质控工作,提供了更好用的预警信息多语种、人性化的录入界面,自动的信息质控功能,预警信息接入更快。通过提供多种采集接口对接预警信息制作系统,实现预警信息的系统级接口采集。通过提供终端录入界面,满足人机交互的预警信息制作需求。配置数据质控规则,对制作的预警信息进行敏感词过滤和合理性检查,通过质控的预警信息可以进行发布,对不满足要求的预警信息进行系统提示告警。

4.3.2 分系统组成

预警信息采集分系统主要包括预警信息录入子系统、预警信息采集接口子系统、信息质控子系统。分系统组成如图 4-2 所示。

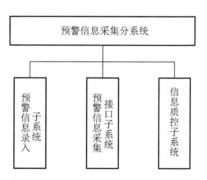

图 4-2 预警信息采集分系统组成图

4.3.3 分系统流程

预警信息采集分系统流程如图 4-3 所示。

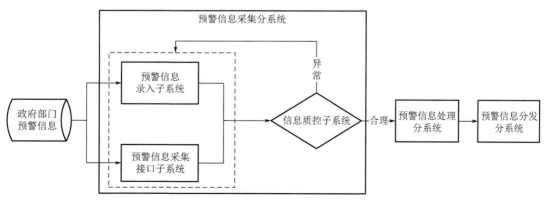

图 4-3 预警信息采集分系统流程图

将来自不同渠道的预警信息通过预警信息采集分系统进行预警信息的录入加工或接口接入,进一步通过信息质控子系统判别其合理性,将合理的预警信息发往预警信息处理分系统进行数据处理,支持多语种国际化的预警信息。

4.3.4 分系统接口

预警信息采集分系统的接口如图 4-4 所示。

图 4-4 预警信息采集分系统接口图

1. 外部接口

面向气象、自然资源、水利、交通等预警信息发布责任单位的相关业务系统或人员,提供系统级预警信息采集接口和人机交互界面。

2. 内部接口

预警信息采集分系统将采集的各类预警信息传递给预警信息处理分系统。

4.3.5 分系统技术指标

预警信息采集分系统技术指标如下:

(1)建立多层次采集功能,提供终端录入预警信息界面。实现系统平台级对接,使用多种接口手段采集预警信息。

(2)支持多语种预警信息录入或对接,人工录入界面操作简洁、人性化设计。

(3)实现采集到的预警信息进行自动质控。对预警信息进行敏感词过滤和合理性检查,不满足质控条件的预警信息进行告警。系统中数据质控规则具有可配性和灵活性,适应预警将来的可扩展性需求。

4.3.6 预警信息录入子系统

1. 子系统概述

通过提供终端录入界面,根据预警信息发布流程完成信息的采集、审核、签发、预警中心复核以及质控审核等步骤。满足人机交互的预警信息制作需求,提供信息录入时各要素的数据选项及相关基础信息数据字典管理,支持预警信息多语种录入显示与语音合成等功能。

2. 子系统组成

预警信息录入子系统包括预警信息录入管理模块、预警信息发布流程管理模块、预警信息全流程监控模块、预警信息备案与下发模块、异常发布处理模块、系统用户权限管理模块、基础信息数据字典管理模块、多语种采集支持模块。子系统组成如图 4-5 所示。

3. 子系统流程

预警信息录入子系统流程如图 4-6 所示。

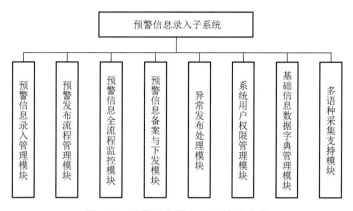

图 4-5　预警信息录入子系统组成图

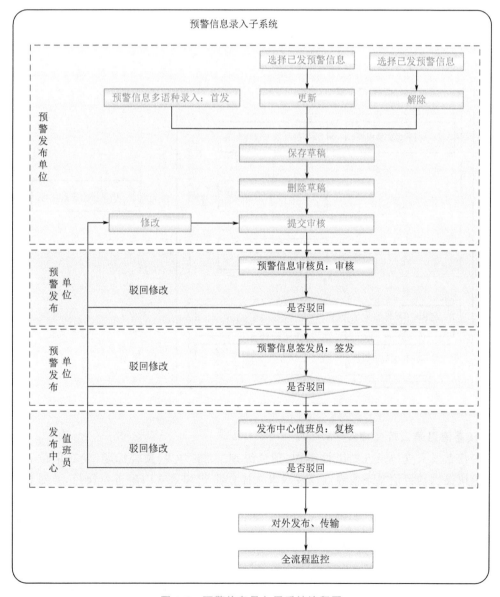

图 4-6　预警信息录入子系统流程图

（1）使用此系统开展预警信息发布工作的用户包括预警信息发布责任单位用户、发布中心用户两个角色，每个角色可分配不同的功能。

（2）按照系统用户管理中分配给各类用户的权限进行预警信息的发布，信息发布流程包括采集、审核、签发、发布中心复核、质控审核等步骤，具体步骤数量和名称可以根据审批需要在发布流程配置中进行增减，信息录入界面可以进行多语种转换，整个审批过程中可以配置信息质控子系统，审批过程可以进行全流程业务监控，同时可以获取多语种支持，审核、发布中心复核、质控审核这3个步骤可以通过发布策略进行配置增减。

（3）预警信息录入可以调用已配置的预警信息发布模板，发布过程中可以根据预警事件类型和级别自动匹配已制定的发布策略，各要素信息录入需要遵循基础信息数据字典要求，需要对数据字典进行规范化管理。

（4）每条预警可以对下级单位进行下发，下级单位接收预警后可以进行转发，转发的反馈结果需要向上级单位反馈，下级单位的每条预警需要向上级单位进行备案。

4. 子系统接口

预警信息录入子系统的接口如图 4-7 所示。

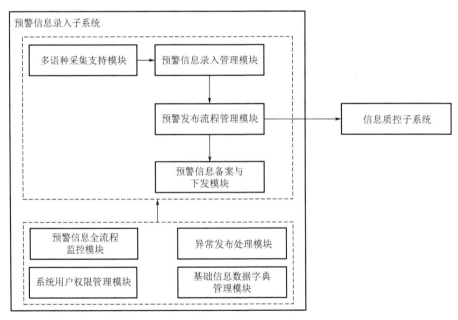

图 4-7　预警信息录入子系统接口图

5. 预警信息录入管理模块

预警信息录入支持录入如事件类别、预警级别、发布类型、预警标题、发布单位名称等信息。本模块提供预警信息录入界面以及对录入操作步骤和录入内容进行质控，并对重要节点相关信息进行逐级上报。

（1）预警信息录入功能：预警信息发布员登录预警信息录入界面进行预警信息发布工作，待发布预警信息类别可选，包括但不限于预警信息、提示、通知或科普信息等，不同类别信息可配置不同模板。

预警信息录入界面根据业务需求填写以下字段信息（包含但不限于）：事件类别、预警级别、发布类型、预警标题、发布单位名称、单位级别、单位地址、联系电话、单位负责人、发布时间、预警事件类型、影响范围、预警信息内容、失效时间、发布范围行政区划、发布手段等。预警信息发布范围录入包含行政区划勾选和地图圈选两种方式,便于发布单位精准选择发布范围。

其他发布信息录入界面依据需求通过可配置模板进行设定。

录入预警信息根据用户使用习惯、输入和检索频率,优化预警信息录入顺序。

录入的预警信息可以设置多种信息格式,预警信息标题可通过关键字段自动拼接或手动填写,预警信息内容可包括正文文字、排版格式、图片、视频等,以便结合不同发布手段进行发布。发布模板可选择,根据不同的预警信息发布渠道选择适合的发布模板。预警信息内置发布格式模板,发布单位根据提示填写关键信息后,根据预警信息发布标准自动填充预警内容,并根据提取的信息内容,自动生成影响区域范围。

预警信息录入时,如所需发布预警信息分类不存在时,可以由省级发布中心在线提交新增预警信息类型申请,申请信息即时提交至国家级平台,系统自动提醒国家级业务人员处理。国家级平台受理后,可将处理结果在线反馈至申请省份。

(2)发布策略匹配功能:预警信息采集人员录入预警信息时,系统根据录入的预警事件类型、严重程度(预警级别/通知消息)、不同类别(实际、测试)、不同状态、不同时间、不同发布单位等要素自动与发布策略进行匹配。

预警信息录入时默认自动匹配发布策略,可手动取消匹配。

(3)录入内容质检功能:预警信息录入完成点击提交后,系统根据信息质控子系统制定的规则和各字段设定的填写规则进行自动检查,对发现疑似错误的预警信息向预警信息发布员进行弹窗提醒,确认是否继续发布,经确认是正确的点击"是",错误的点击"否",进行修改,重新发布。

(4)预防同一预警信息重复发布功能:对新增录入预警信息进行排重、数据库查重。预警信息在录入提交后,系统根据事件类别、预警级别、发布类型、发布单位名称、发布时间、预警事件类型、失效时间和预警内容字段信息组合判断是否有在生效的相同预警,若有,通过弹窗形式向发布员提醒,避免重复发布。

(5)信息单元变更功能:预警信息录入后,进入发布流转流程中时,如该预警信息发布员发现问题,需要修改时,在预警信息复核发布前,均可通过一键撤回功能对该预警进行撤回,并对已审核节点人员进行系统告知。

预警信息处于草稿、驳回、撤回状态时,可由该预警信息发布员进行修改或删除。修改预警内容信息单元,必须由该预警信息发布员进行修改,通过设置账户权限实现。

(6)预警信息生命周期管理功能:预警信息的生命周期,包括首发、更新(升级、降级)和解除,或者只有单次首发而无更新和解除。在录入预警信息时,发布单位可根据需求设置完整生命周期的范围及流程。预警信息生命周期中,只保留最后一条预警信息作为生效预警,其余前置预警信息默认为已解除状态,预警信息更新和解除时,需选取生效预警进行更新或解除。

6. 预警信息发布流程管理模块

预警信息发布流程管理模块是对预警信息发布流程流转进行控制。预警信息发布流程包括预警信息的录入、审核、签发以及复核 4 个功能节点和质控审核节点,预警信息进入复核节点后,根据预警中心的值班排班表向当天值班人员发送待复核短消息,如复核节点设置不复核,则不发短信。预警信息按照发布流程在各个节点中流转,质控节点可在预警信息发布流程各节点进行配置是否启用。

(1)预警信息采集功能:通过预警信息录入界面将预警信息的各要素进行录入,是用户首次在平台中录入信息,录入信息时需要确定信息的生命周期状态,即普通信息、首发预警、更新预警、解除预警,此次发布的信息是否与之前信息有关联性,如有关联,需要选择相关联的预警后再进行此次的信息录入,信息采集后待审核时,需要选择审核人员并向其发送待办短信提醒。

(2)预警信息审核功能:此项在预警信息发布策略中为可选项。预警信息审核界面应包含通过、驳回功能,对正确预警信息确认通过,流转至下一节点,对错误预警信息驳回需要填写驳回原因,预警信息驳回后返回录入节点由该预警信息的发布人员处理。预警信息审核前,如有质控提醒,需要显示质控提醒信息。功能支持通过移动端审核,或者通过短消息回复指定预警信息进行相应的审核。信息审核后待签发时,需要选择签发人员并向其发送待办短信提醒。

(3)预警信息签发功能:此项在预警信息发布策略中为必选项,包含通过、驳回功能,对正确预警信息确认通过,流转至下一节点,对错误预警信息驳回需要填写驳回原因,预警信息驳回后返回上一节点由该预警的发布人员处理。支持通过移动端签发,或者通过短消息回复指定预警信息进行相应的签发。

(4)预警信息复核功能:预警信息发布中心复核节点支持对信息发布的受众用户、发布渠道、发布方式等进行补充添加。

(5)预警信息质控审核功能:国家级预警中心在全国各级预警信息复核发布备案后,再次对全部预警信息进行质控,值班人员对存疑预警信息进行人工质控审核,质控审核未通过的预警信息需要向预警信息发布单位发送平台提醒、短信、微信等渠道的通知,提醒进行下线操作。

7. 预警信息全流程监控模块

对预警信息发布的流程节点、操作人员、时间、预警数据信息、发布渠道信息、发布渠道反馈信息进行全流程监控,方便用户实时查看预警信息发布情况。

(1)发布预警信息全流程查看功能:系统的发布预警信息全流程查看功能里可查看全流程信息,包括预警基础信息、上级备案预警信息、本级发布预警信息、向下级下发预警信息、发布渠道反馈信息、预警信息事件周期等;还可查看预警信息基础数据包。预警信息列表显示、检索及详情查看等应避免出现累计预警信息数据量较多时的访问时间过长。

(2)单一字段模糊查询功能:预警信息查询功能主要是利用关键字对录入的预警信息进行查找。系统可按预警信息的事件类别、预警级别、发布类型、发布单位名称、发布单位区域、发布时间、预警事件类型、省份行政区划、部委归属、信息发布流程等关键字段进行模糊匹配进行查询,输出所有满足条件的预警信息。查询结果可导出 Excel 表格。

(3)多字段组合查询功能:系统可进行按照发布单位、预警事件类型、发布时间、预警级别等多字段组合匹配查询功能,精确地查找到想要的预警信息集合。

8. 预警信息备案与下发模块

预警信息备案与下发模块是对突发事件发生演变过程中的预警信息进行关联,监控突发事件从单个预警的发起、升级、降级、解除等一系列演变过程,对引发的灾害风险进行展示,并对突发事件演变过程中的各项指标数据进行统计评估。

（1）预警信息逐级上报备案功能：预警信息在录入完成提交后，采取逐级上报备案策略。省、市、县级预警自动向国家级备案，并记录备案时间，由于故障原因未能及时发布的预警，需要自行补备到国家级。

（2）预警信息下发及扩展发布功能：预警信息在录入时如果设置了向下级单位下发，提交发布后，向下级平台推送下发预警信息，下级单位可直接选择上级下发的预警信息，补充本级发布渠道和发布手段，直接扩展发布。

（3）预警信息下发反馈功能：下级单位收到上级单位下发的预警信息，可在本级平台通过各类发布手段进行转发或引用转发，发布结果需要向上级平台反馈。

9. 异常发布处理模块

预警信息发布流程中，如果出现异常情况导致预警信息未正常发布，能够自动快速定位故障节点，及时提醒用户撤回补备，解决因系统故障导致的信息流程中断后，及时提醒用户进行重发，保障预警信息及时发布。

（1）自动报警功能：预警信息流程超时流转或未发布成功时，自动通过电话、短信、微信等多渠道报警提醒，预警信息发布人员可查看异常情况并进行重新发布。

（2）故障追踪功能：支持查看预警信息发布过程中预警信息在每个环节的内部流转情况，便于预警信息管理和对接应用，可查看追踪异常信息，确定故障节点。

（3）手动触发功能：因系统故障导致预警信息发布流程未完成，则故障排除后，可以通过手动执行选择继续完成或删除此次预警信息发布工作流程。

（4）信息补备功能：故障期间的预警信息，若在故障解决后已经失效，仍需批量上传备案到上级平台并备注故障期间未正常发布，以供全国预警数据信息查询使用。

10. 系统用户权限管理模块

系统用户权限管理模块主要是通过设置用户角色对应不同账号的权限进行控制和管理。

（1）账户和角色的创建、修改功能：系统管理员通过此模块可创建、删除、冻结被管理账户，并根据业务需要赋予各个被管理账户不同操作权限。

系统用户根据单位分为 2 类：预警信息发布中心和预警信息发布单位。发布中心系统管理员创建各个单位的系统用户，并分配相应角色。

预警信息发布单位用户：权限包括但不限于预警信息发布策略、受众用户、发布模板、发布渠道等的维护以及对所发布预警信息的录入、审核、签发等功能。

预警信息发布中心用户：权限包括但不限于系统维护管理相关功能，系统用户的新增、修改、删除、冻结与启用，密码设定与重置，角色定义，权限分配，值班排班管理，质控权限配置，基础信息（预警事件类型、行政区划）维护，复核配置，信息类型分配等，以及预警信息发布中心作为发布单位直接发布预警信息的录入、审核、签发等功能。

（2）角色权限分配功能：系统管理员根据账户使用者的工作类型，为其分配相应的角色权限，如预警信息录入员、审核员、签发员。各角色权限互不交叉，预警信息修改只能由录入的账户进行修改。一个用户可分配多个角色，一个角色可分配多个用户。

业务管理员：负责本单位服务对象（受众用户、用户组）管理和维护，负责对本单位参与的预警信息发布策略进行配置等。

预警信息录入员:负责本单位发布的预警信息录入、撤回、修改、删除,查看驳回意见,针对驳回意见进行修改,查看审批过程和上级下发的预警信息。

预警信息审核员:对本单位发布的预警信息进行审核,检查预警信息内容是否正确,发现问题可以填写驳回意见驳回到录入人员进行修改,查看审批过程。

预警信息签发员:负责对本单位发布的预警信息进行签发,签发完成后该预警信息从发布单位正式提交给预警信息发布中心复核,不符合发布条件的,填写驳回意见,驳回到录入人员进行修改。

预警信息发布中心复核员:负责对本级各预警信息发布单位发布的预警信息进行复核,可补充添加发布渠道和发布手段,复核通过之后,系统自动发布,复核未通过,填写驳回意见,驳回到录入人员进行修改。

(3)账户和角色信息查询功能:系统可以通过单位、手机号码、姓名、职务等用户选项查询系统已存在的账户、角色和它们的使用情况。

11. 基础信息数据字典管理模块

基础信息数据字典管理模块主要是对行政区划、组织机构、信息类型进行维护和管理。

(1)行政区划管理功能:针对系统内部基础行政区划信息进行维护及向下级同步,此功能仅由国家级平台操作,各省、市、县行政区划出现变更时,可通过系统申请,由国家级平台进行统一调整。

(2)组织机构管理功能:针对系统内部基础组织机构信息进行维护及向下级同步,此功能仅由国家级平台操作,各省、市、县组织机构出现新增或调整时,可通过系统申请,由国家级平台进行统一调整。

组织机构编码信息依据国家标准编码设置并扩展完善二级组织机构编码信息,同时设置部门逻辑归属,在组织机构归属出现变化时,只调整逻辑归属,不变更组织机构编码,如有新增组织机构,由国家级平台添加对应编码及逻辑归属。

(3)预警信息类型管理功能:针对系统内部基础预警信息类型进行维护及向下级同步,此功能仅由国家级平台操作,各省、市、县有新增预警信息类型需求时,可通过系统申请,由国家级平台进行统一调整。

12. 多语种采集支持模块

建立多语种预警信息专题词库,支持多语种的预警信息录入。通过调用多语种预警信息专题词库,提供系统界面在不同语种间转换的功能,满足不同地区、不同语种用户的系统使用需求,提高预警信息发布用户友好性。

(1)多语种词库功能:建立多语种预警信息专题词库。伴随业务持续发展,模块支持语种扩展功能。多语种预警信息专题词库应该是个动态的数据库,应根据需要实现自动更新和手动维护。新导入的词条已在词库中存在的不再重复导入,并给出提示信息。此外,支持实时自动更新或定期手动更新,实现批量多条记录的增加、删除、更新操作。

(2)录入语种切换功能:通过录入界面点击语种切换按钮,告知系统本条预警信息录入语言种类,录入页面显示内容语种自动切换,满足不同用户使用不同语种进行预警信息发布的需要。

(3)多语种预警信息质控功能:系统获知录入语言种类后,调用对应语种专题词库和质控规则进行预警信息质控检查、提醒。

（4）多语种归类统计查询功能：在统计条件确定情况下，实现满足条件的不同语种预警信息都能统计到。实现对多语种预警信息专题词库的可视化管理，支持业务员从 Web 页面进行词条导入、修改错误词条。能够分类、分语种浏览、查询预警信息专业词汇及其语种间对应关系。

4.3.7 预警信息采集接口子系统

1. 子系统概述

提供多方式接口接入渠道，包含消息中间件接入接口、Web Service 接入接口、FTP 接入接口等，实现对预警信息发布责任单位发布的预警信息接收与多语种转换处理，支持信息解析与入库，以及对预警信息全生命周期的记录。

2. 子系统组成

预警信息采集接口子系统主要包括多语种支持模块、消息中间件接入接口模块、Web Service 接入接口模块、FTP 接入接口模块、信息解析入库模块、垂直接收模块、预警信息生命周期模块。子系统组成如图 4-8 所示。

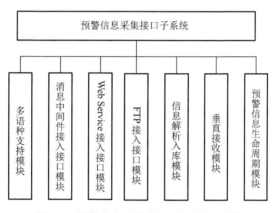

图 4-8　预警信息采集接口子系统组成图

3. 子系统流程

预警信息采集接口子系统的流程如图 4-9 所示。

调用多语种支持模块，支持多语种预警信息的识别，然后通过消息中间件接入接口、Web Service 接入接口、FTP 接入接口、垂直接收等接入方式实现对所有预警信息的采集、信息解析和记录统计。

4. 子系统接口

预警信息采集接口子系统的接口如图 4-10 所示。

预警信息采集接口子系统通过各类接口接入方式接收来自气象、林业、海洋、水利、交通等预警信息发布责任单位发布的预警信息，并将其发往信息质控子系统进行质检处理。

5. 多语种支持模块

提供多语种的预警信息接入界面，支持与多语种预警信息的对接，包含自动翻译、翻译结果异常告警提示与归档记录、重新翻译等。

（1）自动翻译功能：对接的各类语种预警信息具备自动翻译成目标语种的功能，并对翻译

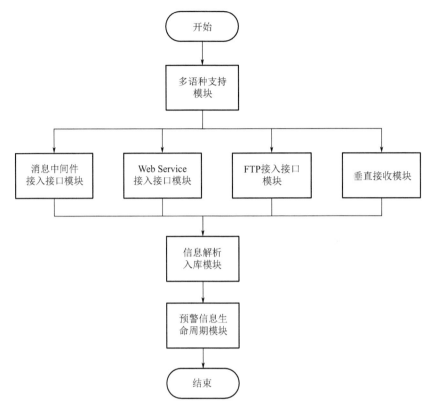

图 4-9　预警信息采集接口子系统流程图

图 4-10　预警信息采集接口子系统接口图

结果进行界面确认提示。

（2）异常告警提示功能：针对多语种词库中缺少相应语料或者翻译结果的业务逻辑难理解等问题，给予页面告警提示，支持人工手动翻译或者利用重新翻译功能进行二次翻译，进行异常语料库记录备案。

（3）重新翻译功能：针对多语种翻译结果的异常告警，系统提供其他备选语料词条选项，支持重新翻译。

（4）异常告警统计功能：针对一段时间内的异常语料库备案信息进行统计分析，获取高频易错的语料词条，并将正确的对照关系反馈更新至多语种预警信息专题词库中。

6. 消息中间件接入接口模块

封装消息中间件进行功能模块接口调用，满足系统数据传递和消息处理。

（1）消息接收功能：当消息生产者按照配置要求将消息投递到相对应的交换器或者消息队列中，实现消息的接收，并等待消费者处理。

（2）消息处理功能：对消息生产者制作的消息或数据进行处理。

（3）消费记录功能：消息生产者和消费者根据各自业务场景，在消息处理完毕后，将处理日志信息进行持久化保存,以供其他业务环节监控应用。

7. Web Service 接入接口模块

利用 Web Service 接口设计,实现不同预警信息系统之间的数据交换与共享,实现预警信息采集功能。

8. FTP 接入接口模块

通过编程语言将 FTP 功能进行嵌入,实现以 FTP 下载和上传的形式获取数据文件。

(1)FTP 接口上传功能:按需配置相关参数并调用 FTP 上传方法,将指定信息传输到目标地址,并将调用结果状态信息进行落地日志存储,相关日志滚动覆盖。

(2)FTP 接口下载功能:按需配置相关参数并调用 FTP 下载方法,将指定信息下载到目标地址,并将调用结果状态信息进行落地日志存储,相关日志滚动覆盖。

9. 信息解析入库模块

对利用消息中间件、Web Service、FTP 等多种方式接收采集的预警信息进行解析处理,按照数据类别、使用频率、应用场景存储到专用的业务数据库系统中。

10. 垂直接收模块

垂直接收模块主要实现将预警信息由国家级预警信息发布系统向省级、地市级的垂直发布,国家级用户下发预警信息时,可勾选要发布的省及地市名称,利用省级及市级预警信息发布系统发布预警信息。

11. 预警信息生命周期模块

对突发事件发生演变过程中的预警信息进行关联,监控突发事件从单个预警的发起、升级、降级、解除等一系列演变过程,对引发的灾害风险进行展示,并对突发事件演变过程中的各项指标数据进行统计评估。

(1)突发事件相关联的预警信息发布统计功能:在突发事件发生前、后一段时间内,按照预警事件类型、时间轴等相关因素,统计指定地区预警信息的发布情况及经济影响情况。

(2)预警信息全生命周期记录功能:对每条预警信息发布、升级、降级、解除及预警信息制作过程关系,进行全生命周期的聚合,形成完整的预警信息生命周期记录。

4.3.8 信息质控子系统

1. 子系统概述

信息质控子系统通过配置预警信息质控规则,对制作的预警信息进行敏感词过滤、关键字段检查和合理性检查,满足要求的预警信息可以进行发布,对不满足要求的预警信息进行系统提示告警或拦截。

2. 子系统组成

信息质控子系统包括敏感词库管理模块、预警质控规则模块、质控策略管理模块、系统管理模块。子系统组成如图 4-11 所示。

3. 子系统接口

信息质控子系统的接口如图 4-12 所示。

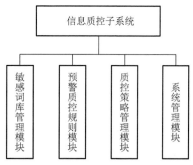

图 4-11 信息质控子系统组成图

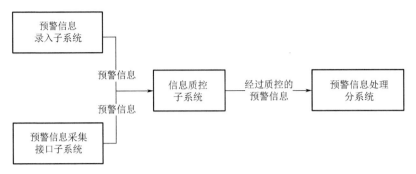

图 4-12　信息质控子系统接口图

对预警信息录入子系统、预警信息采集接口子系统采集的各类预警信息进行质控检查,并将通过质控的预警信息传递给预警信息处理分系统进行发布处理。

4. 敏感词库管理模块

对敏感词词库进行管理,敏感词库的更新可采用实时更新或定期手动更新方式;可支持按照单条敏感词的增加、删除、修改操作;可支持多条批量地增加、删除操作。预警信息需要经过敏感信息过滤之后才能进行发布。

(1)自动查重功能:新导入的词条已在词库中存在的不再重复导入,并给出提示信息。词库中不存在的词条导入成功后给出提示信息。

(2)Web 页面更新功能:支持业务员从 Web 页面进行词条导入、删除、查询和修改错误词条,支持批量增加、删除操作,具有易操作性。支持以实时或定期两种方式进行更新。

(3)预警信息分词功能:通过预警信息分词功能将预警信息正文内容按照分词规则进行分词,并将结果集进行持久化存储,以供预警信息词库同步功能使用。

(4)预警信息词库同步功能:支持将分词结果集全量或者增量更新,写入相关缓存数据库,以供预警信息正文检验功能使用。

(5)预警信息智能识别功能:将语义分析词库中的数据集作为校验源,通过智能识别方法的智能比对,实现文本正文的智能识别能力,辅助业务人员进行预警正文信息的自动判断,提升预警信息审核时效和准确率。

5. 预警质控规则模块

预警质控规则模块按照预先配置的规则进行敏感词过滤、预警信息关键字段检查和逻辑合理性检查,预防不合规的预警信息被发布,保障预警信息的合理性。

(1)关键字段内容检查功能:预警信息级别、类型、影响区域是否与标题一致;标题是否包含预警事件类型、级别、影响区域等关键信息;预警标题、级别、类型、状态、影响区域等关键字段是否为空等。

(2)预警正文内容检查功能:正文中是否出现与类型相关的关键字;预警级别、类型与正文是否一致;正文中是否存在敏感词;预警正文中是否存在错别字;预警正文中是否存在拼写错误、语序不合逻辑等语义错误等。

(3)预警信息发布时间检查功能:提取预警正文中的发布时间,根据预警实际发布时间是否大于当前时间或远小于当前时间判断预警信息发布时间的正确性。

(4)逻辑判断检查功能:根据发布单位所处地理位置在一年中的各段时间内的预警信息发布情况,统计某地某段时间发布概率较低的事件类型和级别,制定相应的质控策略进行拦截或待审,例如每年的 1—3 月和 11—12 月全国不太可能发布高温、高温中暑预警;每年的 5—8 月全国不太可能发布暴雪、低温雨雪冰冻、大雪、雪灾预警;每年的 6—8 月全国(除西藏、青海、黑龙江)不太可能发布霜冻、道路结冰、寒潮预警;每年的 1 月和 11—12 月全国不太可能发生雷电天气;陕西、青海、甘肃不太可能发生台风;每年的 1 月和 12 月全国不太可能发布冰雹预警等,各地可根据自身情况进行设定和调整。

(5)预警关联性检查功能:当发布更新预警或解除预警信息时,若有同类首发预警被拦截或处于待审核情况等,予以提示。

(6)多字段组合控制功能:根据不同地域的灾害特点和不同发布单位的发布策略,可对预警事件类型、预警级别、预警信息影响范围、台站级别、预警标识、起止时间、策略状态等预警信息关键字段进行灵活组合搭配制定拦截规则。具体条款策略具有启动、停止运行功能。例如某地台风红色预警属于较严重预警,可根据预警事件类型和级别字段设置为必须审核。

(7)质控规则扩展功能:针对质控规则具有可扩展性,能够满足后续突发情况的快速质控。

6. 质控策略管理模块

质控策略管理模块用于配置预警信息制作质控规则,并对质控过程进行管理。质控策略管理包括对预警信息敏感词过滤规则的配置、预警信息关键字段检查和预警信息逻辑合理性检查规则的质控策略配置,对拦截或待审的预警信息向业务人员发出提醒,对未拦截的已发布的错误预警信息进行下线处理等功能。

(1)质控策略维护管理功能:对于系统中存在的质控策略,可以删除、查询和修改,对于不存在的质控策略可以自定义添加,管理页面具有易操作性。具体条款策略具有启动、停止运行功能。

(2)拦截预警提醒功能:所有预警信息内容都要通过预警质控规则进行检查,被质控规则拦截的错误预警信息需向业务人员发送短信或声音提醒,由相关人员根据拦截原因对预警信息进行修改或重新编辑后再发布。

(3)待审预警提醒功能:被质控规则拦截的待审预警信息需向业务人员发送短信或声音提醒,通过人工审核判断后采取拦截或放行处理。

(4)错误预警下线功能:对于未拦截的已发布的错误预警信息,提供预警下线功能。通过检索对已发布的错误预警进行下线,根据唯一预警标识,通知其他各发布渠道和手段实现各对接发布系统中的错误预警信息的下线。建立预警信息发布单位和发布渠道负责人通讯表,通过短信、微信、平台消息通知、电话叫应等方式,向预警信息发布单位和发布渠道负责人发送下线提醒消息,并可查看各下游用户接收和反馈的情况。

7. 系统管理模块

系统管理模块包括业务配置功能、质控预警信息统计功能、用户角色管理功能。其中,业务配置功能负责对不同角色职能和质控审核时间进行配置管理,根据预警信息发布时间范围、预警信息的发布单位区域等要素对部分预警信息进行质控,根据预警信息时效性配置不同审核策略。质控预警信息统计功能负责对进入质控模块的预警信息进行查询和统计,对业务人员审核效率进行统计。用户角色管理功能负责对不同角色账号进行权限分离和账号管理,实现对系统各功能模块的管理与配置。

(1)业务配置功能:预警信息质控审核过程中,由不同业务人员分别对拦截待审的预警信息进行一审和二审的人工审核,可选择发布时间范围、发布单位区域等要素对部分预警信息进行质控,对时效性要求较高的预警信息可采用先放行、后复审的策略。该功能可对一审、二审、复审人员的审核时间和角色职能进行自定义管理配置,管理界面中应有增、删、查、改的功能。

(2)质控预警信息统计功能:对于进入质控模块的预警信息,可以根据预警信息发布时间、预警事件类型、预警等级、预警信息影响范围、台站级别、起止时间、审核原因、审核状态等进行检索及数量统计,统计业务人员校验审核时间和审核效率,具有导出功能。

(3)用户角色管理功能:用户管理功能对不同账号进行权限分离,管理员账号具有创建账号、分配用户角色、预警信息质控规则配置和系统业务配置等管理功能,普通业务账号具有一审、二审、复审、预警统计与检索等用户角色功能。

4.4 预警信息处理分系统

4.4.1 分系统概述

预警信息处理分系统实现向用户主动推送所在地及周边预警信息,开发个性化定制服务功能,实现精准发布。根据用户所关注的地域、预警事件类型、预警等级等需求,向其发布预警信息;分析用户访问习惯、分析预测用户关注地域和预警事件类型、级别,向其提供所需的预警信息。在发布系统中设置预警信息发布模板,支持应急提示、生活服务、减灾实效、科普宣传四类信息基于模板的制作功能,系统根据适配的发布预案内容提取并生成预警信息发布模板,供选择使用,实现智能靶向发布预警信息。预警信息处理分系统可自动生成模板,智能划分用户,为预警信息"更快""更准"发布提供支持。

4.4.2 分系统组成

预警信息处理分系统主要包括精准发布支持子系统、预警信息发布模板子系统。分系统组成如图 4-13 所示。

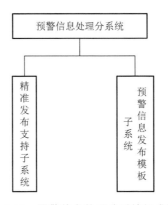

图 4-13 预警信息处理分系统组成图

4.4.3 分系统流程

预警信息处理分系统流程如图 4-14 所示。

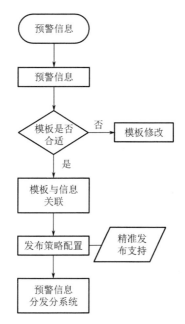

图 4-14 预警信息处理分系统流程图

将收集的预警信息依据位置、关注地域、类型、预警级别等,通过定位、定制等方式智能制定不同发布策略与模板,实现精准发布。

4.4.4 分系统接口

预警信息处理分系统接口如图 4-15 所示。

图 4-15 预警信息处理分系统接口图

预警信息处理分系统与预警信息采集分系统、预警信息分发分系统连通,将采集到的预警信息进行处理,管理制定模板,关联预警信息,制定发布策略,通过预警信息分发分系统的多渠道"一键式"发布子系统实现多渠道精准发布。

4.4.5 分系统技术指标

(1)建立具有预警信息精准发布功能的预警信息处理分系统,实现对用户访问习惯的分析和用户关注预警信息的分析预测,并向其进行精准发布。

(2)所建立预警信息处理分系统,能够设置预警信息发布模板,针对不同用户可实现自动生成模板,实现对用户的智能靶向发布。

4.4.6 精准发布支持子系统

1. 子系统概述

根据综合研判获取的影响区域,结合承灾体信息,分析受影响的行政区划、人口、面积和经济指标等,通过判断所在地理位置、分析用户访问习惯、分析预测用户关注地域和预警事件类型、级别,对受众用户进行管理,从而向用户主动推送所在地及周边预警信息。

2. 子系统组成

精准发布支持子系统包括追踪定位模块、温数据回溯模块、热数据收集模块、受众用户管理模块。子系统组成如图 4-16 所示。

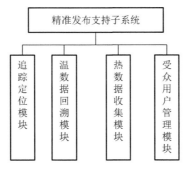

图 4-16 精准发布支持子系统组成图

3. 子系统流程

精准发布支持子系统流程如图 4-17 所示。

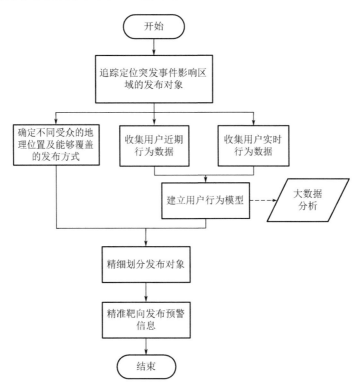

图 4-17 精准发布支持子系统流程图

通过定位突发事件影响区域内的发布对象,确定不同受众的地理位置及能够覆盖的发布方式,同时通过用户行为数据的分析,精细划分发布对象,实现预警信息的精准靶向发布。

4. 子系统接口

精准发布支持子系统接口如图 4-18 所示。

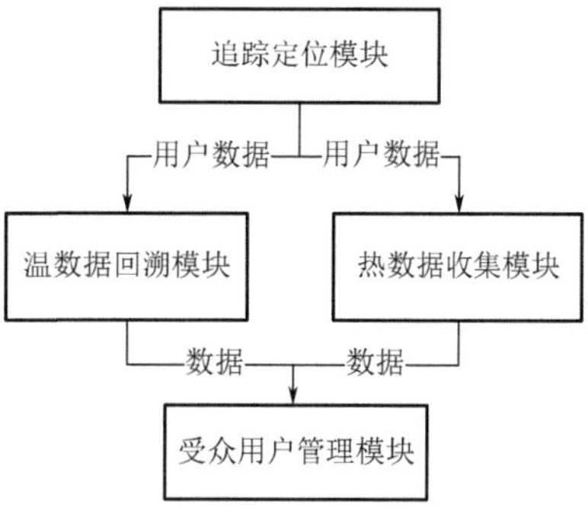

5. 追踪定位模块

通过带有定位系统的终端判断用户所在地理位置，基于突发事件的位置信息以及影响范围，对受影响区域的村、镇、网格中的责任人和发布对象进行定位，确定不同受众的地理位置以及能够覆盖的发布方式。

图 4-18　精准发布支持子系统接口图

(1)风险区域定位功能，包括突发事件分析和区域定位分析。

① 突发事件分析：提取突发事件预警信息内容中的预警事件类型、预警级别、影响时间段、影响地域范围、次生灾害和防御指南。

② 区域定位分析：分析突发事件影响地区的海拔高度、人口数量和人口密度、面积、地形或地貌(如山地、高原、草原)和经济指标要素。

(2)用户信息采集功能，包括采集设备选取和信息采集。

① 采集设备选取：选取手机，平板等带有定位系统的终端采集设备，或利用移动信号基站定位、互联网大数据分析等技术选取采集设备。

② 信息采集：采集设备上传的用户网络 IP 或位置信息，确定用户当前位置；记录采集用户信息的设备类型；采集分析设备与移动信号基站的交互数据，确定用户空间访问轨迹；收集分析缓存数据，确定用户的使用轨迹、活跃时间；利用用户提交的账户注册信息和用户自行设置的关注地区(一个或多个)、预警事件类型、预警级别等信息，确定用户的预警关注偏好、行业关注偏好。

(3)受众用户分析功能，包括用户信息分析和发布手段绑定。

① 用户信息分析：对采集到的用户网络 IP 地址、自动定位或用户选取的地理位置、用户所用的设备、使用网络数据类型和信号强度等信息进行分析，推送对应地区的预警信息，预警信息的形式根据设备类型和网络信号强度自动适配，预警信息的类型和级别根据用户的偏好设置过滤显示。

② 发布手段绑定：根据用户所处地域、用户设备、数据信号类型及强度确定用户可接收信息的最佳手段(例如：移动数据信号较弱且无 Wi-Fi 的地区可绑定广播；移动数据信号较强情况下优先推送短信；城市地区根据用户偏好设置或设备信息选择发布手段)。

6. 温数据回溯模块

收集用户近期浏览的突发事件、查看方式、查看时间等具有一定时效性的行为数据，标注用户偏好标签。

(1)用户行为发现功能：用户行为发现是用户在互联网上针对突发事件和预警信息的相关行为，并进行用户网络事件的重组还原与再现，主动发现用户对突发事件的关注偏好。推送给用户的预警信息，用户可以选择有用或暂不关注。标注有用的预警信息，保持推送；标注暂不关注的预警信息，减少推送。

(2)用户行为分析功能：用户行为分析是在数据分析的大框架下，对用户行为数据进行分析研究。主要功能如下：

① 行为事件分析：针对用户的浏览偏好、关注行业、关注预警(类型、级别)、活跃时间、地理位置等信息制作用户画像和使用报告。

② 页面点击分析:用于预警信息的搜索和推送,点击较多的预警,在历史预警搜索时给出相关词汇联想,在用户自定义推送策略时优先给出关键词供用户选择,方便设置。

7. 热数据收集模块

在用户同意的情况下收集用户实时产生的数据,如当下所处的场景、特定时间活跃的行为、终端操作等,通过捕获用户使用行为、用户状态,给用户标注实时标签。

(1)用户实时数据收集功能:用户实时数据收集是在用户同意的情况下对用户在突发事件发生时间段内在终端、互联网上进行的各类用户操作,包括访问网站页面、搜索关键字、查看应用程序等。

(2)用户行为数据分析功能:用户行为数据分析是结合突发事件影响情况和用户的实时状态进行大数据分析,确定在突发事件发生时间段内用户可能发生的行为,并给出联想操作建议,同时依据分析结果将用户行为进行标注,实现用户与所关注的要素绑定。

8. 受众用户管理模块

将收集到的标签化数据和其他数据,利用大数据分析技术,建立用户行为模型,实现智能精准的人群属性标签分类、人群定向、优化追踪、场景预测等功能,对用户进行精细划分,为精准发布提供支持。

模块主要通过对受众用户的有效管理,为预警信息各发布单位发布预警信息提供发布对象。受众用户管理包括对受众用户的维护和对受众用户所分配用户组的维护。

(1)受众用户和受众用户组功能:受众用户,一般指手机短信接收用户,如应急责任人、联动部门联系人和应急领导。受众用户按照群组分类管理,供预警信息发布时选择。

受众用户组分为专业组和公共组。

专业组:预警信息各发布单位业务管理员登录创建并专用。各单位可创建本单位的专业组,并将本单位新增的受众用户分配到本单位的专业组中。各单位之间的专业组受众用户数据隔离,不可相互查看或使用。国、省、市、县各级发布单位均可配置。

公共组:发布中心业务管理员登录创建及维护,并可提供各发布单位共同使用。

受众用户和受众用户组维护需考虑提供人性化维护管理界面,可批量操作处理相同发布策略受众用户,便于维护。页面显示系统需优化性能,避免出现受众用户操作页面响应时间过长问题。

(2)受众用户信息要素管理功能:受众用户信息要素包含所属省、市、县、组织机构、部门、姓名、职务、所属级别、手机号码、座机号码、E-mail、传真、其他。

受众用户归属需对应到各个组织机构,因此需建立受众用户组织机构信息。受众用户组织机构与基础信息管理的组织机构保持一致。

所属级别包括:国、省(区、市)、市(州)、县(区)、乡镇、村。

(3)定向人群受众用户分类功能:对突发事件影响范围内的人群按照其关注内容的不同进行分类,根据人群的定向分类优化对用户行为的分析,有针对性地采集用户的实时行为信息。

事先对用户关注的突发事件及其要素进行标注。根据场景预测,提示用户所在位置或突发事件发生位置范围内,近 3 天发布频率较高的预警信息,当关注某一条预警信息后,提示该预警信息的关注率和周边人群关注率较高的正在生效预警。

(4)受众用户需求定制功能:向受众用户提供外部访问渠道,受众用户可通过自行访问页面定制预警信息、部门通知、用户关注的区域预警信息接收需求。通过需求个性化定制,实现对用户的精准服务。

预警信息复核发布时,可由预警信息发布中心选择是否根据受众用户定制需求生成群组,同步推送预警信息短信。

4.4.7 预警信息发布模板子系统

1. 子系统概述

根据各部门应急预案中的相关内容,预先在发布系统中设置对应不同灾种、不同严重程度(级别)、不同地区、不同时段、不同类别(实际、测试)、不同状态(首发、更新、解除)的发布流程模板,根据用户的发布需求适配发布策略,生成基于用户特定信息的审批流程、发布模板、发布渠道、受众等。业务人员或外部系统只需要明确灾种、级别、状态、类型和影响范围,系统就能根据适配的发布模板提取内容,包含预警信息发布标准、预警信息生成、预警生命周期等。如果某个发布预案经应用证明后固定下来,在以后的预警信息发布中,能极大地提升整个业务流程的工作效率,减少人为错误,提升发布效率。

2. 子系统组成

预警信息发布模板子系统主要包括发布策略配置模块、模板制作模块、模板分类管理模块、模板更改模块、模板与内容关联模块。子系统组成如图 4-19 所示。

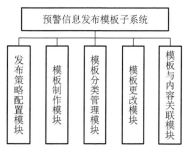

图 4-19 预警信息发布模板子系统组成图

3. 子系统流程

预警信息发布模板子系统流程如图 4-20 所示。

(1)根据发布策略配置情况,制作预警信息发布模板,同时可对制作好的模板进行更改等操作。

(2)获取预警信息采集分系统采集的各类预警信息,将制作好的模板与信息内容进行实际业务关联,推送至预警信息分发分系统。

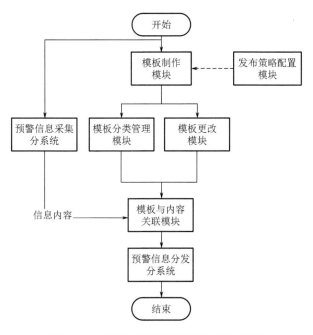

图 4-20 预警信息发布模板子系统流程图

4. 子系统接口

预警信息发布模板子系统接口如图 4-21 所示。

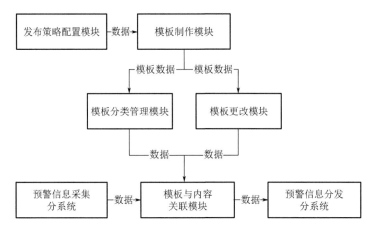

图 4-21　预警信息发布模板子系统接口图

5. 发布策略配置模块

针对不同灾种、不同严重程度、不同地区、不同时段的信息进行发布策略的配置,根据用户的发布需求适配发布策略,生成基于用户特定信息的审批流程、发布模板、受众用户等。

(1)信息发布流程配置功能:判断预警信息发布类型、严重程度、不同类别(实际、测试)、不同状态(首发、更新、解除)分配给预警信息发布单位可选的信息发布流程,流程包括预警信息采集、审核、签发、复核。其中审核、复核为可选流程,其余为必选流程。

(2)质控模块配置功能:调用预警信息采集分系统中的信息质控子系统,在信息发布流程中配置质控模块的位置。可在采集、审核流程之间添加质控模块,并配置质控模块的拦截、待审策略,设置提醒功能;可在签发之前添加质控模块,并配置质控模块的拦截、待审策略,设置提醒功能;可在预警信息复核后添加质控模块,对已发布的疑误预警信息进行复审,错误预警信息进行下线。

(3)发布手段配置功能:发布手段分为预警信息发布责任单位可用发布手段和预警发布中心发布手段,预警发布中心可将部分发布手段作为资源提供给发布责任单位共享。发布责任单位、预警发布中心均可对本单位的短信受众用户进行配置,预警发布中心可根据发布类型、严重程度、不同地区、不同类型(实际、测试)、不同状态(首发、更新、解除)分配给预警信息发布单位可选的适用渠道。

(4)发布策略复制功能:可对已制定完成的发布策略进行批量复制,对复制后的发布策略进行审批流程、质控配置、发布手段配置后生成新的发布策略。

6. 模板制作模块

为信息录入人员提供可视化的编辑环境,方便工作人员能够按照自己的需要进行制作模板,功能包括预警信息发布标准配置、预警信息生成、预警信息生命周期配置、用户分类管理等。

(1)预警信息发布标准配置功能:为避免每次发布预警信息时重复编写,提高工作效率,系统支持将预警模板根据发布单位规范化为预警信息发布标准模板。预警信息发布标准模板是根据不同灾种、不同严重程度(级别)对预警模板进行配置,支持对预警信息发布标准模板的维护管理。同时,支持模板的增、删、改、查等维护操作;支持不同发布单位定义不同的预警信息发布标准模板;同一发布单位、预警事件类型、预警级别支持定义多套预警信息发布标准模板。

(2)预警信息生成功能:在发布预警时,预警信息一般是由发布预警信息表单上的要素结合部分说明文字所构成,具有规律性,为避免每次发布预警信息重复编写预警内容,提高工作效率,用户在制作预警时选择灾害类型、预警事件类型、预警级别、影响范围、预警类别(实际、测试)、预警状态(首发、更新、解除)等要素时,根据内置预警信息发布标准自动规范化生成预警内容。预警标题默认为发布单位、预警事件类型、预警级别等要素自动拼接,同时可提供用户自定义填写功能。影响范围可通过对预警内容的自动识别后抽取影响地域的行政区划、经纬度信息。

(3)预警信息生命周期配置功能:针对预警信息的类型及生效时间,确定预警信息的生命周期,分为默认失效时间的普通预警信息、有更新解除等全生命周期预警信息、无解除的自动生命周期预警信息,通过对预警信息生命周期的配置,方便对预警信息的分类识别和管理。

(4)用户分类管理功能:用户分类管理是将发布策略制作人员和模板制作人员进行区分,分别赋予不同的权限。发布策略制作人员一般为预警中心用户,负责对发布策略的制定,可生成、删减、修改发布策略;模板制作人员一般为发布单位用户,负责制定预警信息生成标准、预警信息生成模板和受众用户等信息。

7. 模板分类管理模块

实现模板制作人员将制作好的模板上传到系统,针对不同灾种、不同严重程度将模板进行分类管理。

(1)模板上传功能:模板上传是将制作完成的模板上传到系统,根据灾种和级别等信息对模板进行命名,或者根据用户需要自定义命名。

(2)模板查询功能:模板查询是根据灾种、级别、时段、预警时效区域检索模板,也可根据关键字进行搜索查找。

(3)模板管理功能:模板管理是从灾种、级别、时效、地区、审批流程、发布渠道、受众、预警信息状态等多个要素对模板进行分类。支持模板的增、删、改、查等维护操作;支持作为预警信息内容变量的预警要素定义,包括发布单位、发布类型、时间、灾害类型、预警事件类型、预警级别、影响范围、防御指南等;支持预警要素变量内容可选,并可以补充说明文字常量;支持在发布预警信息时,系统自动将预警要素变量转换为预警表单的实际值并生成预警信息;支持不同发布单位定义不同的预警信息发布模板;支持不同的发布渠道定义不同的预警信息发布模板。

(4)模板可视化功能:模板可视化是将预警事件类型、内容模板、防御指引、适用渠道、受众用户、发布策略、预警时效、影响范围、防御指南等在页面上展示出来,并可通过拖动的方式进行调整。

8. 模板更改模块

如果内容编辑需要调整模板,则可以在浏览器中直接进行,提供内嵌在浏览器中的模板编辑插件,可以对预警信息发布标准、模板整体布局、信息单元的属性进行调整设置,同时也具有结合真实数据的实时预览功能。

(1)模板编辑功能:编辑模板是信息采集人员通过浏览器对预先设置的模板进行编辑。支持作为预警信息内容变量的预警要素的修改,支持预警要素变量内容可选,并可以补充说明文字常量。

(2)模板复制功能:可对已制作的模板进行批量复制,复制后通过编辑模板中的信息类型、发布策略、受众用户等内容重命名为新的模板。

（3）实时预览功能：信息采集人员在编辑设置模板的同时可以实时预览，可以将测试信息通过匹配模板发布到各渠道。

9. 模板与内容关联模块

选定模板后，系统自动完成模板与预警信息发布内容的自动关联绑定，使得发布出的样式与预先设计的基本吻合。

（1）模板选定功能：模板选定是信息采集人员根据用户需求选择发布所需要的模板类型，同时可以供用户选择是否必须使用该模板。

（2）模板匹配功能：模板匹配是信息采集人员录入信息时，系统根据录入的灾种、严重程度、不同类别（实际、测试）、不同状态（首发、更新、解除）等要素自动与模板中的要素进行匹配。

（3）产品生成功能：产品生成是在信息采集过程中，通过选定模板和模板匹配实现预警信息产品的自动生成，进入信息分发流程。

4.5 预警信息分发分系统

4.5.1 分系统概述

预警信息分发分系统对接多种发布渠道，实现预警信息"一键式"发布，并能够收集发布结果反馈，保证预警信息"更快""更准""更广"地送达。预警信息及其回执文件经过处理将相应信息存入数据库，终端设备信息定期备案。多渠道"一键式"发布子系统是预警对外发布的核心，系统的接口是网络通信模块，负责预警文件的下载、预警回执和设备备案的上传。渠道发布结果反馈收集子系统展现预警信息状态，便于业务人员掌握预警发布及渠道反馈信息。

4.5.2 分系统组成

预警信息分发分系统主要包括发布渠道对接子系统、多渠道"一键式"发布子系统、渠道发布结果反馈收集子系统。分系统组成如图 4-22 所示。

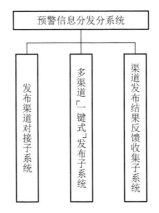

图 4-22 预警信息分发分系统组成图

4.5.3 分系统流程

预警信息分发分系统流程如图 4-23 所示。

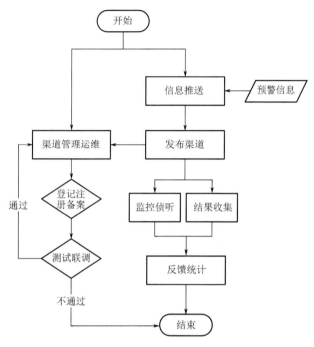

图 4-23　预警信息分发分系统流程图

4.5.4 分系统接口

预警信息分发分系统接口如图 4-24 所示。

图 4-24　预警信息分发分系统接口图

预警信息分发分系统从预警信息处理分系统获取需发布的预警信息,根据预警信息发布的时间、地点、级别、影响范围、持续时间等要素确定预警信息的发布策略,根据不同发布手段的发布时效和覆盖范围等特点来自动适配和对接多种传播手段(包括短信、电视、广播、微博、微信、大喇叭、LED 屏、手机 APP、北斗设备等),并根据预警信息的影响范围和接收终端的定位,确定需要对预警信息作出响应的手段和终端,以进行预警信息的精准发布,同时收集预警信息的发布结果及接收终端的状态等信息。

4.5.5 分系统技术指标

预警信息分发分系统技术指标包括以下两点:

(1)建立具有自动处理能力的预警信息分发分系统,实现从预警信息处理分系统获取需发布的预警信息,自动推送到多种渠道。

(2)所建立的预警信息分发分系统,能够切实按照各类预警不同的发布需求进行发布,并收集预警信息的发布结果及接收终端的状态等信息。

4.5.6 发布渠道对接子系统

1. 子系统概述

发布渠道对接子系统实现对接入渠道的管理和维护。渠道接入需要进行登记注册备案,并对渠道的资质进行审核,确保接入渠道的可靠性和安全性,同时对接入渠道的连通性、系统运行状态和预警信息发布情况进行实时监控。

2. 子系统组成

发布渠道对接子系统包括:登记注册备案管理模块、资质认证模块、接口链接模块、消息侦听模块、设备定位模块、预警提醒模块、参数配置模块、鉴权码管理模块。组成如图 4-25 所示。

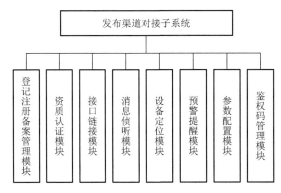

图 4-25 发布渠道对接子系统组成图

3. 子系统流程

发布渠道对接子系统流程如图 4-26 所示。

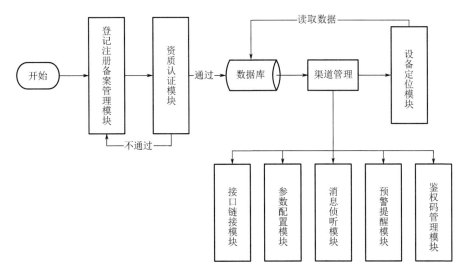

图 4-26 发布渠道对接子系统流程图

发布渠道首先通过登记注册备案管理模块对接入的发布渠道进行登记,然后经过资质认证模块联调测试对其进行资质认证,通过认证后可纳入渠道管理,通过接口链接模块完成渠道与系统的链接,由消息侦听模块实时监控渠道中消息传递过程的状态,设备定位模块获取备案设备信息并进行地图定位及设备信息的读取与显示,预警提醒模块完成新到达预警信息的提醒,参数配置模块完成对数据库、网络信息、轮询信息、备份信息及渠道备案信息的配置,鉴权码管理模块完成设备鉴权码的生成和校验。

4. 子系统接口

发布渠道对接子系统接口如图 4-27 所示。

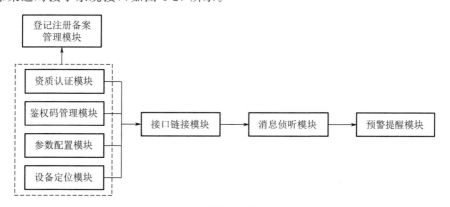

图 4-27　发布渠道对接子系统接口图

5. 登记注册备案管理模块

该模块实现渠道接入的登记注册备案,当渠道信息变更时要进行更新、注销。

(1)渠道信息备案功能:根据渠道信息备案规范,自动和手动实现对需要新接入渠道的相关信息登记注册备案,并提供设备备案后的查询管理功能。

(2)渠道信息更新功能:在发布渠道设备更换或升级更新的情况下,能够自动和手动实现对已备案渠道相关信息的修改。

(3)渠道信息注销功能:在发布渠道设备注销的情况下,实现对已备案渠道相关信息从系统中注销,并保留注销后设备的原始信息,以满足资产管理等需求的查询。

6. 资质认证模块

发布渠道接入系统前,需要对各渠道安全性和性能进行联调测试,确认渠道的资质是否符合预警信息分发系统要求。

(1)读取渠道列表:能够按照相关查询条件,读取渠道信息,并提供筛选、查询功能,以列表的形式展现。

(2)渠道联调测试:实现对选择渠道的备案信息进行联调测试,判断渠道资质是否符合预警信息分发系统要求。

7. 接口链接模块

实现各渠道与发布渠道对接子系统的信息交互,完成预警信息分发系统与多渠道的接口链接。

8. 消息侦听模块

对渠道中消息传递过程进行侦听,监控渠道是否通畅,在渠道状态异常时,推送报警信息。

9. 设备定位模块

选中预警历史列表中的一条,显示该条预警中的发布渠道对应的设备在地图上的定位,点击地图标记点,显示该设备的详细信息。

(1)预警信息列表显示:提供预警信息的列表模式显示,可选取其中一条历史预警信息进行详情查看。

(2)地图显示:选中预警历史列表中的某条预警信息,支持将其发布渠道对应设备的位置在地图上进行定位显示,支持全部显示、批量勾选、单条显示设备信息读取及显示。实现点击地图标记点时,读取并显示该设备信息,包括设备名称、设备状态、设备编号、联系人、地址等。

10. 预警提醒模块

预警信息发布平台有新预警信息同步到发布渠道对接子系统或选中一条预警信息时,该模块解析出预警信息的内容,显示在界面上方,当内容过长时,自动滚动显示。

11. 参数配置模块

参数配置的主要功能是配置平台参数,包括数据库信息、网络连接信息、轮询目录、备份目录信息及各发布渠道相关目录等。

12. 鉴权码管理模块

鉴权码管理包括添加、修改、删除、查询鉴权码信息,并自动生成选中厂商服务器相关鉴权码加密文件。

4.5.7 多渠道"一键式"发布子系统

1. 子系统概述

多渠道"一键式"发布子系统是预警信息对外发布的核心,它获取预警信息处理分系统推送的预警 CAP 文件,解析 CAP 文件,将预警信息存入数据库,将预警信息推送给指定的发布渠道,并同步到渠道发布结果反馈收集子系统。预警信息推送完成后启动预警信息回执接收模块,接收处理各个发布渠道的预警反馈信息,并将反馈信息同步给发布渠道对接子系统。同时多渠道"一键式"发布子系统具备接收各发布渠道终端设备的备案信息、状态信息等功能。

2. 子系统组成

子系统主要包括预警轮询模块、预警信息渠道封装模块、预警信息推送模块、发布渠道监控通信模块,如图 4-28 所示。

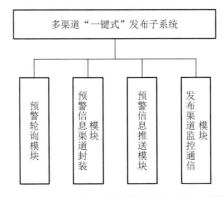

图 4-28　多渠道"一键式"发布子系统组成图

3. 子系统流程

多渠道"一键式"发布子系统流程如图 4-29 所示。

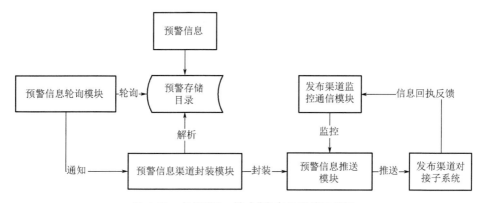

图 4-29 多渠道"一键式"发布子系统流程图

多渠道"一键式"发布子系统流程如下：

(1)获取预警信息处理分系统推送的预警 CAP 文件。

(2)将接收的预警信息文件进行数据解析、入库。

(3)将预警信息推送给指定的发布渠道，同时同步到渠道发布结果反馈收集子系统。

(4)推送完预警信息后启动发布渠道监控通信模块，接收处理各个发布渠道的反馈信息，并将反馈信息同步到发布渠道对接子系统。

4. 子系统接口

多渠道"一键式"发布子系统接口如图 4-30 所示。

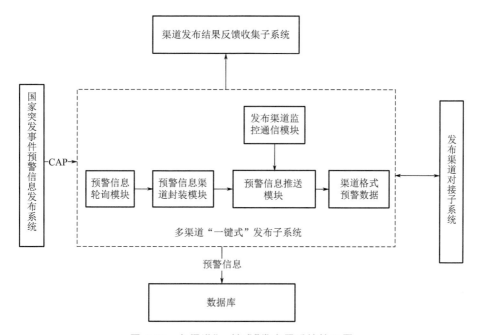

图 4-30 多渠道"一键式"发布子系统接口图

5. 预警信息轮询模块

设定全局定时器,采用轮询机制,定时扫描指定目录或通道,当上层平台产生预警文件时,发布平台可及时监测。

(1)预警信息轮询:采用轮询机制,实现对指定目录或通道内预警信息的扫描,监测出现新预警文件时激活后续功能。

(2)预警信息到达通知:预警轮询监测到新预警信息到达后,通知预警信息渠道封装模块启动。

6. 预警信息渠道封装模块

按照预警信息渠道封装的相关规范,实现对预警信息数据包的解析,并将预警信息按渠道进行封装,供预警信息推送模块使用。

7. 预警信息推送模块

将预警信息按策略推送给各个渠道,并依据渠道发布结果反馈收集子系统的反馈信息判定是否需要进行重发。

8. 发布渠道监控通信模块

实现与发布渠道对接子系统的监控通信,反馈回执直接同步到发布渠道对接子系统。

4.5.8 渠道发布结果反馈收集子系统

1. 子系统概述

渠道发布结果反馈收集子系统收集预警信息发布情况的反馈,包括人工反馈和渠道终端自动反馈信息,并能对每一次预警信息发布全过程进行反馈分析。

2. 子系统组成

渠道发布结果反馈收集子系统主要包括接口集成模块、预警信息发布反馈收集模块、多手段预警信息发布情况数据收集模块、共享服务数据收集模块、突发事件全流程与直报数据收集模块、安全态势收集模块、发布日志数据收集模块。组成如图 4-31 所示。

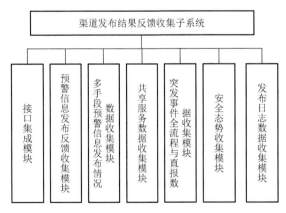

图 4-31 渠道发布结果反馈收集子系统组成图

3. 子系统流程

渠道发布结果反馈收集子系统流程如图 4-32 所示。

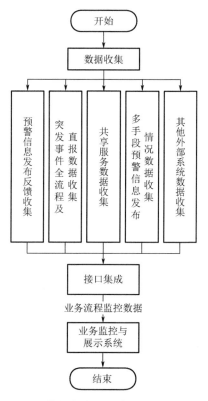

图 4-32 渠道发布结果反馈收集子系统流程图

4. 接口集成模块

实现与预警信息处理分系统、突发事件全流程及直报系统、共享服务平台、手段管理平台等系统建立外部接口,接入并汇总各类业务流程监控数据,供业务监控与展示应用。

5. 预警信息发布反馈收集模块

实现对预警信息发布中间统计结果、最终统计结果、详细结果信息进行收集。实现显示预警信息中发布渠道的状态反馈,包括终端总数、成功个数、失败个数、成功率。

6. 多手段预警信息发布情况数据收集模块

重点实现对预警信息发布过程中大喇叭、电子显示屏、手机短信、北斗终端等多种手段发布情况的数据收集。主要实现包括:电话外呼(量次数及成功率)、短信发送(总量数及成功和失败数量)、微博发送(量次数及转发和评论数)、微信发送(量次数及关注数)、网站点击(量次数)、广播电台(量次数)、传真发送(总量数及成功接收和未接收数量)、显示屏(发布数量)、电视台(台数及信息发布量次)等反馈数据的收集。

7. 共享服务数据收集模块

共享服务数据收集包含数据接口服务、网站及 WAP 网站服务的数据采集。通过外部接口对接共享服务平台。数据接口服务包括对预警信息服务对象、接口服务调用情况、服务反馈情况的采集;网站及 WAP 网站包括监控网站和 WAP 端的访问详情。

8. 突发事件全流程及直报数据收集模块

通过外部接口对接突发事件全流程及直报系统,收集包含突发事件从发生到响应以及完成处理全流程数据、直报系统中用户分布信息、直报内容及公众舆情等数据。

9. 安全态势收集模块

从防火墙、入侵检测系统、应用安全网关、抗拒绝服务攻击系统等能反映外部威胁的信息安全设备，从运维审计系统、身份验证系统、服务器和应用日志等反映内部安全威胁的信息安全设备，从交换机和服务器网卡、负载平衡设备等多种设备进行多源异种信息安全数据的综合采集与预处理。

10. 发布日志数据收集模块

实现对国家级、省级、地市级、区县级的预警信息发布行为数据进行收集，实现预警信息发布的时间、IP 地址、用户、发布信息摘要、发布渠道等基本信息写入数据库。通过实现对发布日志的收集和分析，提供业务流程监控反馈数据。

4.6 预警信息共享分系统

4.6.1 分系统概述

预警信息共享分系统建立"资源可调度、策略可定制、服务可管理"的高效、稳定、安全、统一的数据交换传输体系，面向社会各级预警中心、专业用户、行业用户，提供预警信息共享服务。预警信息共享分系统通过对传输要素的智能封装，屏蔽了数据传输过程的复杂性，对外提供多样化的服务接口和数据传输服务。分系统具有多源引接、数据处理、传输交换、数据分发、传输监控能力，完成对各节点、各类数据的分级、分类按需传输，能够集中式地掌握全网数据实时流转情况，并对传输流程进行控制，实现快速、准确的数据传输情况统计。

预警信息共享分系统是针对传输数据的不同特点，将各省的各类数据在数据源进行分布式预处理，然后分门别类地以消息传输、文件传输和数据库同步为基础的不同组合传输方式，建立高效的数据传输通道，实现精准、秒级到达目标地址的数据传输。国家预警信息发布中心利用自身技术优势和网络优势，将预警信息面向全国省级预警信息发布部门、行业用户、互联网媒体等用户进行矩阵式传播。

4.6.2 分系统组成

预警信息共享分系统由引接子系统、预处理子系统、数据传输交换子系统、数据共享分发子系统组成，如图 4-33 所示。

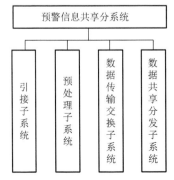

图 4-33　预警信息共享分系统组成图

4.6.3 引接子系统

1. 子系统概述

引接子系统可以从各省应用系统数据源抽取出所需的数据。数据抽取后,再经过数据清洗、转换,最终按照预先定义好的数据标准模型,将数据加载到目标数据源中去或以标准的数据服务共享给其他应用。数据采集既能够满足数据共享的需要,又能保证不影响业务系统的性能。数据抽取支持制定相应的策略,包括抽取方式、抽取时机、抽取周期、数据合并策略等内容;可以获取来自不同节点的相关数据,对不同数据源进行配置,包括数据源地址、下载数据类别等;可以对下载的辅助数据按条件进行统计,并生成统计报表。

2. 子系统组成

引接子系统由采集配置管理模块、数据获取模块、获取数据监控统计模块、业务系统适配器模块组成,如图 4-34 所示。

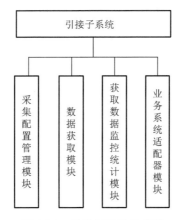

图 4-34 引接子系统组成图

3. 子系统流程

引接子系统流程如图 4-35 所示。

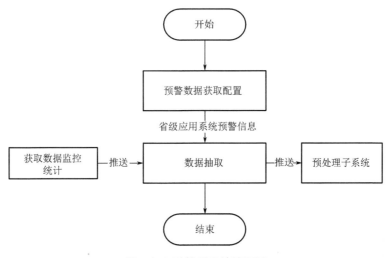

图 4-35 引接子系统流程图

51

需要配置所需获取的预警信息数据,根据配置从各省数据源抽取出所需的数据,将获取的数据根据配置进行筛检并提示未接收的数据。

4. 子系统接口

引接子系统从各省级应用系统获取预警信息,并推送到预处理子系统,同时对获取结果进行监控和反馈(图 4-36)。

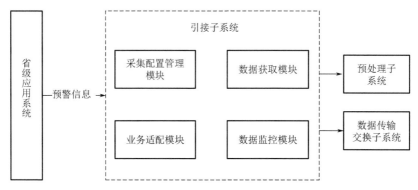

图 4-36　引接子系统接口图

5. 采集配置管理模块

本模块提供策略管理功能,包括采集源、采集方式、采集范围、源数据格式、采集频度、接口方式等信息配置,并且提供人机交互界面便于用户进行配置管理操作。本模块的主要功能是数据收集策略管理与数据接收策略管理。数据收集策略定义了数据接收过程中的数据解压、解密、译码、数据落盘等操作的处理规则,这些规则按照数据类型和数据来源的不同,定义了数据的解压方式、密钥、密码设定和落盘位置等。数据接收策略管理负责对以上规则进行基本的维护,并提供系统维护接口和可视化的维护操作界面,方便管理员对这些规则进行动态的调整和配置。

6. 数据获取模块

引接子系统与各节点数据源存在数据引接接口,通过该接口实现对各节点的数据采集功能,将不符合采集规则的数据进行筛选并去除。

7. 获取数据监控统计模块

获取数据监控统计模块提供实时数据获取状态监控展示功能,能够实时在线监控每个节点的数据获取状态,并支持对获取数据的获取时间、类型、数量等进行查询、统计。

8. 业务系统适配器模块

本模块包括数据库类适配器、文件类适配器、消息接口适配器、流媒体接口适配器。通过可视化界面,依照规则对数据库、文件格式、消息接口、流媒体等预警信息数据形式进行灵活适配,以满足应用的各种实际需求。

4.6.4　预处理子系统

1. 子系统概述

预处理子系统负责对各类数据进行整合、加工和处理。子系统通过定义预处理规则,实现对不同类型数据的分类处理,并依据策略进行消息封装、入库处理、文件封装等单一或组合方式。可以提供格式转换、数据清洗功能，实现数据标准化转换，保证数据的一致性和关联性，最终按照预先定义好的数据标准模型，满足数据传输共享的需求。

2. 子系统组成

预处理子系统由分类规则管理模块、数据格式转换模块、数据清洗模块、消息传输模块、缓存数据库建设模块、入库模块、文件封装模块、智能仓储管理模块组成，如图 4-37 所示。

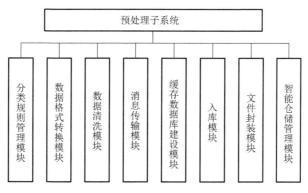

图 4-37　预处理子系统组成图

3. 子系统接口

预处理子系统从引接子系统获取预警信息，经过处理后推送至数据传输交换子系统(图 4-38)。

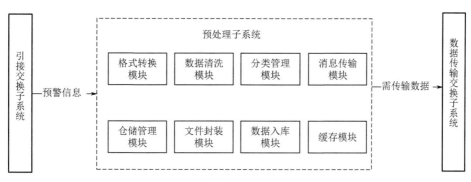

图 4-38　预处理子系统接口图

4. 分类规则管理模块

本模块对各类数据的类别进行判定，包括规范性、完整性、预处理的规则定义。本模块接收用户对资料处理流程、系统操作、系统配置信息的配置操作，将其存储到系统配置文件中，供系统运行调用，完成系统功能配置管理操作。

5. 数据格式转换模块

本模块提供转换定义功能，完成对数据原始格式和原数据源的识别、目标数据格式的定义等配置。根据转换定义的规则，完成数据转换的处理。将原始的数据转换为系统需要的数据格式。

6. 数据清洗模块

数据清洗模块完成各省级节点原始数据清洗过滤的处理，清洗掉无效的数据。本模块提供制定相应的单要素字段或关联数字字段过滤规则，根据清洗配置的定义完成对交换后的数据过滤。

7. 消息传输模块

将按照标准封装的消息数据提交到消息传输队列中进行安全、可靠传输。预警信息、警示信息等直接采用"消息"方式双向传输，消息中带有封装成 CAP 数据包的信息内容，若有图片、视频等附件，结合文件传输方式予以传输。

8. 缓存数据库建设模块

在数据总线内建设缓存数据库，布局建设总线内业务管理和本地标准化业务数据，该库同时可作为国家突发事件预警信息发布系统本地数据库的标准备份数据库。

9. 入库模块

针对交互频繁、变更量不大的业务、监控、POI 等数据，在与本地数据库中的相关数据进行比对后，提取变更的部分进行更新入库，同时触发数据库同步操作。

10. 文件封装模块

本模块将需要传输的文件进行标准化封装、压缩，保存到指定目录，用于传输。

11. 智能仓储管理模块

完成对收集到的数据进行自动创建目录、删除或修改等操作，并自动将分类后的数据存放到相应的目录里。将收集处理后的文件数据实时自动地存入数据库，实现对资料的集中管理。可以实现对数据的转移、数据的备份、过期数据的清除、检索查询和数据导出等功能。

4.6.5 数据传输交换子系统

1. 子系统概述

数据传输交换子系统通过对传输要素的智能封装，屏蔽了数据传输过程的复杂性，对外提供多样化的服务接口，提供与业务和网络无关的数据传输服务。主要包括发送/接收接口、数据任务调度模板、数据节点管控模板和配置策略信息管理等功能。发送/接收接口模式可基于数据发送内容的格式需要动态扩展，支持数据流、消息传输、文件传输、数据库同步规则配置等模式。

2. 子系统组成

数据传输交换子系统由计算评估模型模块、数据流模式接口模块、消息传输模式接口模块、文件传输模式接口模块、数据库同步配置管理模块、数据任务调度模块、数据节点管控模块、监控数据对接模块组成。如图 4-39 所示。

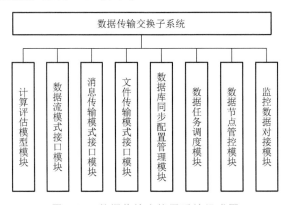

图 4-39 数据传输交换子系统组成图

3. 子系统接口

数据传输交换子系统分为国家级和省级两部分,省级数据传输交换子系统会接收从预处理子系统提交上来的信息与引接子系统的监控信息,将数据提交给国家级数据传输交换子系统(图 4-40)。

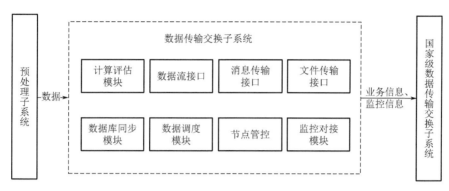

图 4-40 数据传输交换子系统接口图

4. 计算评估模型模块

本模块提供传输任务的路由、交换技术、数据组织方式等模型的管理,以支持传输模式过程规划。主要包括基础链路评估模型、传输路由评估模型、交换技术评估模型、发送模式评估模型、数据组织评估模型、智能补偿评估模型等。

5. 数据流模式接口模块

本模块是为了在网络上按时间先后次序传输和播放音、视频数据流,核心是串流技术和数据压缩技术,具有连续性、实时性、时序性 3 个特点,使用缓存机制和 RTSP 协议,支持边传输边播放。

6. 消息传输模式接口模块

本模块实现消息数据发送和接收接口服务,接口传输的内容为字符串。这种接口模式用于简单的文本数据的传输,例如即时通信文本的发送和接收。信息发布类、警报类信息采用"消息"方式传输。

7. 文件传输模式接口模块

本模块实现文件方式数据发送和接收接口服务,用于文件格式的数据发送和接收,包括文本文件和 XML 文件等,支持断点续传。

8. 数据库同步配置管理模块

本模块利用定制化同步软件实现数据库间的数据同步,需要根据数据的特点配置同步路径和触发规则。在数据总线内建设本地数据库,针对交互频繁、变更量不大的业务、监控等数据,在与本地数据库中的相关数据进行比对后,提取变更的部分进行入库,同时触发数据库同步操作。

9. 数据任务调度模块

本模块是数据传输过程的实现,完成对于某个数据传输过程的管理和调度。数据传输过程中,系统根据数据类型,自动选择适合的数据组织方式,包括数据转码、文件拆分、合并等。如果数据传输失败,系统将自动启动异常状态主动补偿功能,通过模型定义的补偿策略实现自动补偿。与此同时整个传输过程在被监控状态下进行,对于传输过程调度中每个步骤都需要通过接口报给监控系统。

10. 数据节点管控模块

本模块是预警信息共享服务分系统的传输控制中心,负责对分布在各个数据交换节点上的传输代理单元的基本信息和服务状态进行统一的维护、监控和同步。本模块还会对传输相关的公共配置进行维护,例如组播分类和收发权限控制等。传输代理的基本信息包括:交换节点服务使用注册和注销、节点的加入和退出、节点中间件单元的在线状态及服务状态的实时监控。数据节点管控模块在逻辑上需要单独部署,网络上需与各节点互通。

11. 监控数据对接模块

本模块提供实时传输状态展示所需的监控数据,提供实时在线监控每个节点的数据传输状态和系统运行状态的监控数据。通过数据传输交换子系统提供的接口对传输过程调度中每个步骤的传输状态数据进行传输,对数据传输过程进行基于数据类型、时间、发送节点、接收节点、传输状态、数据大小和个数等不同维度的记录。通过输入传输数据节点的标识、节点的地址、组织关系归属等参数,进行节点状态结果的数据收集;通过数据共享分发系统中任务调度管理模块提供的状态信息监控采集接口,实现对任务调度和执行过程状态数据的收集和对接。

4.6.6 数据共享分发子系统

1. 子系统概述

数据共享分发子系统用于实现数据传输业务,通过数据分发、数据补调、系统管理、系统交互、数据临时存档管理等功能,完成对全网各类数据的分级实时传输。

2. 子系统组成

数据共享分发子系统由数据发送模块、任务调度管理模块、分发策略管理模块、数据重发策略管理模块、临时数据管理策略模块、数据补调策略管理模块、数据文件清单维护模块、用户管理模块组成。如图 4-41 所示。

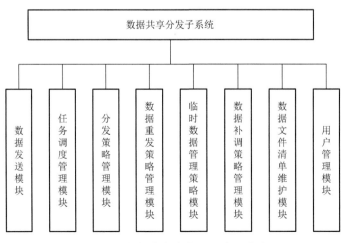

图 4-41 数据共享分发子系统组成图

3. 子系统接口

根据数据上传策略,将数据通过数据传输交换子系统发送到数据共享分发子系统中,然后根据数据分发策略,将数据发送给省级应用系统(图 4-42)。

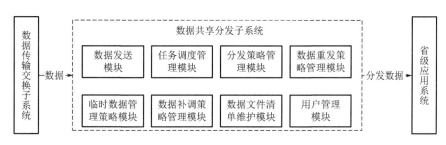

图 4-42　数据共享分发子系统接口图

4. 数据发送模块

本模块通过调用数据传输交换子系统提供的接口,实现节点间数据的发送与接收功能。根据数据上传策略、数据定制分发策略以及数据重发策略,对数据进行打包、加密或者编码操作等预处理,然后调用数据传输交换子系统的接口进行数据发送。

5. 任务调度管理模块

对信息收集传输过程、数据分级定制分发过程、业务数据同步与交换过程以及临时数据管理过程中产生的任务进行调度管理,实现任务的按需调度,并对监控与统计系统提供状态信息监控采集的接口。这些任务既可以按照既定的时间和事件策略执行,也可以通过人工干预实时执行。

6. 分发策略管理模块

分发策略管理完成缺省策略设置、策略日志管理、分发管理员登录管理、策略创建、修改和删除。模块能够为用户提供各种常规分级定制分发策略,支持用户创建新的分级定制分发策略,修改已有的分级定制分发策略、删除不再使用的分级定制分发策略。

7. 数据重发策略管理模块

数据重发策略用于数据收集传输和数据分级定制分发业务过程中,数据发送、推送或广播方对于数据发送失败时的自动处理。数据重发策略定义了不同数据类型的重发间隔、方式等内容。根据数据类型、内容和数据量的不同,重发策略也会不同。

8. 临时数据管理策略模块

临时数据管理策略定义了对数据收发过程中临时数据的管理规则。按照管理内容的不同,临时数据管理策略可分为数据自动转存策略和数据自动清除策略两种。

数据自动转存策略的内容包括数据类型、触发条件、原数据格式、目标格式、数据源、转存后数据的存储方式等。数据自动清除策略包括数据类型、存放位置、阈值条件、阈值大小、清除方法和留存时间等。

临时数据管理策略负责对这些转存和清除策略进行基本的维护,并为管理员和临时数据管理模块提供系统维护接口和可视化的维护操作界面,以方便管理员对这些策略的动态调整。

9. 数据补调策略管理模块

对于信息发送与接收业务中的数据接收方,可以根据节目时间表对未收到的应收数据进行数据补调。数据补调可以是人工完成或者自动完成。数据补调策略管理功能定义了数据发送节点进行数据自动补调的业务规则。

数据补调规则定义了自动补调的触发条件、数据获取方式和发送方式等。数据补调策略管理模块需对这些规则进行基本的维护，并为管理员和信息发送与接收模块提供系统维护接口和可视化的维护操作界面接口。

10. 数据文件清单维护模块

本级节点每日要收集和发送的数据文件清单，包含上级节点信息传输系统要求收集的信息，来确认当日重要数据文件是否收集完整，如果未收集完全，要向上级节点发出缺报通知。下级节点信息传输系统要根据收集的信息，来确认当日数据文件是否接收完整，如果未接收完全，要生成补调列表，同时进行数据补调。本模块实现对数据文件清单的增、删、改、查等操作功能。

11. 用户管理模块

用户管理实现对分系统使用用户基本账户和权限的维护和管理，包括：实现登录认证，完成对登录用户的身份进行确认；实现用户账号管理，完成账号创建、修改和删除；实现定制资源授权管理，定义各种用户角色的资源访问权限；实现用户角色管理，创建、修改和删除角色以及用户角色与用户组的映射关系；实现用户管理日志，记录用户操作关键事件，包括系统管理员登录、用户账号和角色的创建、修改和删除、资源访问权限的改动等。

4.7 预警信息发布主渠道

4.7.1 分系统概述

新建面向决策人群的"12379"电话叫应分系统，升级面向基层责任人的"12379"短信分系统，新建面向海洋的船舶精准发布分系统，全面推进建设预警信息发布中心的官方渠道，建设更广的预警信息发布渠道，创立代表"权威声音"的"12379"品牌形象。

4.7.2 分系统组成

预警信息发布主渠道包括面向决策人群的"12379"电话叫应分系统、面向基层责任人的"12379"短信分系统、面向海洋的船舶精准发布分系统、预警信息精准靶向发布对接分系统。组成如图 4-43 所示。

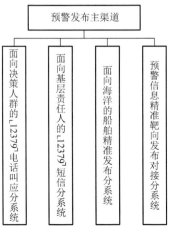

图 4-43 预警信息发布主渠道组成图

4.7.3 面向决策人群的"12379"电话叫应分系统

1. 分系统概述

新建国家级面向决策人群的"12379"电话叫应分系统,实现向国、省、市、县及基层延伸的多级应用。用户可根据电话叫应需求,自行配置暴雨、大风等致灾阈值、电话叫应启动条件以及叫应对象。系统能够在达到电话叫应启动标准时发出叫应启动警告信息,能够面向决策人群提供预警电话自动精准外呼服务,还能支持语音热线服务、预警传真服务和电话会议服务等。

面向决策人群的"12379"电话叫应分系统通过多媒体程控交换机提供语音通信资源供给,以自助语音服务和自动语音外呼叫应为主,以人工服务和传真为辅,为短信、电子邮件、移动智能终端、网络在线等多媒体联络方式预留扩展接口。

国家级系统建设设计服务能力 90 线以上,省级系统建设设计服务能力 240 线以上,全部为双向中继线,提供自助语音服务(Interactive voice response,以下简称 IVR),其中程控交换机资源应包含 8 路以上人工服务,30 路以上传真服务(传真发布能力应按 8 分钟内完成发布为指标,每条线路发 1 份传真大约需要 1~2 分钟),15 路以上电话会议服务,系统应具备中继线路和服务能力的升级扩展能力。

面向决策人群的"12379"电话叫应分系统设计全国统一架构,国、省两级建设,四级应用,国家级可进行全国数据共享。硬件系统国、省两级部署,市、县安装电话坐席。国家级新建"云呼"平台,各省根据实际业务情况可自选新建或升级,省级"云呼"平台可在原"12121""400600121"基础上升级应用。升级系统硬件,融合软件开发接口,实现集约化运营。

2. 分系统逻辑架构

"12379"电话叫应分系统逻辑架构如图 4-44 所示。

图 4-44 "12379"电话叫应分系统逻辑架构图

物理层包括 PSTN(公共电话交换网络)接入、数据网络、基础硬件、功能板卡等,PSTN 采用 E1 的方式接入,每条 E1 承载 30 路电话,共需 20 条 E1,其中人工坐席支持 IP 坐席和模拟坐席,支持远程登录,通过数据网络和运营商支持还可以与其他地市"12379"电话叫应实现互连。

支撑层包括 IVR、CTI(Computer Telephony Integration,计算机与电话集成)、TTS(Text To Speech,文本转语音)、录音、采编工具、语音流程管理、管理软件等基础支撑功能,为上层应用提供运行环境。

业务层在支撑层的基础上根据业务需要定制相关流程与功能,包括语音流程、传真模板、管理平台、业务平台等。

应用层直接面对最终用户,为用户提供自动语音、电话呼入呼出、收发传真、多媒体联络渠道接入等功能。

3. 分系统组成

面向决策人群的"12379"电话叫应分系统包括叫应启动警告模块,云负载及灾备模块,"云呼"管理模块,"云呼"可视化监控模块,国、省对接鉴权及接口子系统模块,AI(人工智能)智能外呼模块,个性化策略定制模块等,组成如图 4-45 所示。

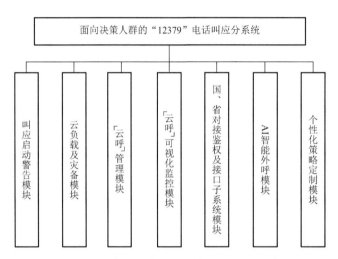

图 4-45　面向决策人群的"12379"电话叫应分系统组成图

4. 分系统流程

面向决策人群的"12379"电话叫应分系统支持自动语音、外呼、传真的预警信息发布方式,不同方式对应的发布载体和发布形式不同,对应的发布流程也有所不同。

(1)叫应启动警告流程:面向决策人群的"12379"电话叫应分系统通过用户导入地方历史灾情、气象实况信息、当地安全隐患区、重点防御区域等信息,可分析当地致灾阈值;用户结合本地天气气候特征、灾情及个人经验,可以在系统中修改配置不同要素的致灾阈值;用户可自行配置不同级别的本地电话叫应启动条件、配置叫应对象组;达到叫应启动条件时,系统将向用户发出叫应警告信息;用户可以根据实际应急联动需求启动"12379"电话自动叫应功能;系统可记录电话叫应结果;用户可以通过系统对电话叫应时间、叫应人数等结果进行查询、统计(图 4-46)。

(2)自动语音预警信息的发布流程:面向决策人群的"12379"电话叫应分系统将自动语音预警信息的内容、发布对象范围、预警级别、发布时间等参数通过系统接口提交给"12379"电话叫应,"12379"电话叫应将接收到的参数进行解析,根据参数的要求将预警信息发布到 IVR,并在预警信息过期时结束此次发布,发布过程中的关键状态变化通过接口返回给全流程监控分系统的发布渠道监控子系统,实现对自动语音预警信息发布情况的全程监控(图 4-47)。

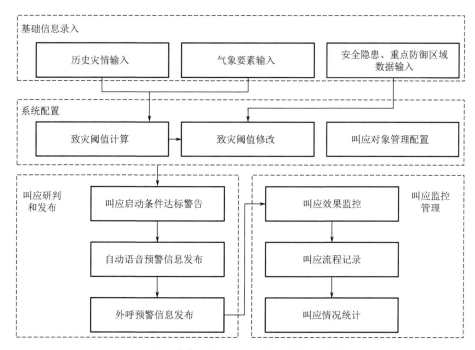

图 4-46　面向决策人群的"12379"电话叫应启动警告流程图

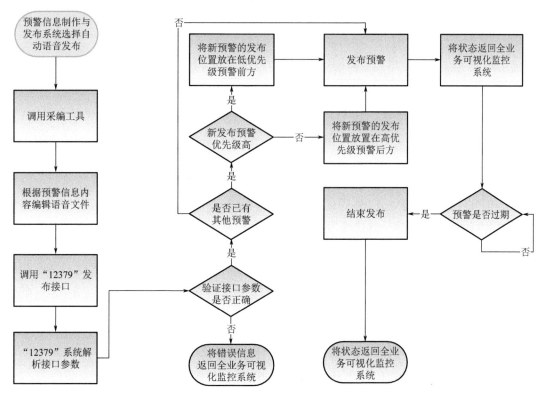

图 4-47　自动语音预警信息的发布流程图

（3）传真预警信息的发布流程：面向决策人群的"12379"电话叫应分系统将传真预警信息的内容、发布对象、预警事件类型、预警级别、发布时间等参数通过系统接口提交给"12379"电话叫应分系统，"12379"电话叫应分系统将接收到的参数进行解析，根据参数的要求调用相应的传真模板生成传真文件，并调用传真接口进行传真发布，发布过程中的关键状态变化通过接口返回给全流程监控分系统的发布渠道监控子系统，实现对传真预警信息发布情况的全程监控（图4-48）。

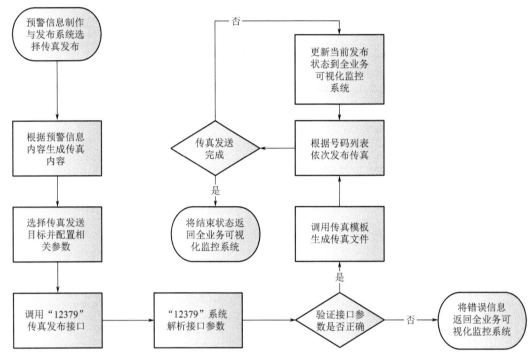

图 4-48　传真预警信息的发布流程图

（4）外呼预警信息发布流程：面向决策人群的"12379"电话叫应分系统将外呼预警信息的内容、发布对象、预警事件类型、预警级别、发布时间等参数通过系统接口提交给"12379"电话叫应分系统，"12379"电话叫应分系统将接收到的参数进行解析，并通知与任务相关的坐席管理员有新的外呼任务需要处理，外呼过程可以通过 IVR 自动拨打的方式执行，也可以由呼叫中心坐席执行，还可由预警远程坐席通过 IP 电话远程登录的方式执行，坐席管理员将任务通过自动或者手动调整的方式分配给 IVR 系统或执行任务的坐席进行外呼预警，每次外呼后的外呼状态变化将通过接口返回给全流程监控分系统的发布渠道监控子系统，实现对外呼预警信息发布情况的全程监控（图4-49）。

5. 分系统接口

"12379"电话叫应分系统接口包括对系统内部接口、对本级预警信息处理分系统接口两种。

系统内部接口包括 PSTN 接入语音网关、传真发送采用 E1 接口，IVR、CTI、TTS、采编模块开发接口、电话录音接口、IP坐席接口、电话外呼接口、数据录入接口。

对本级预警信息处理分系统接口包括 Web Service、数据文件、数据库存储过程、Socket 等多种方式。

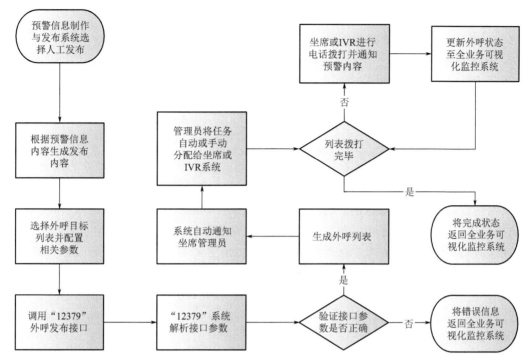

图 4-49 外呼预警信息发布流程图

各种接口方式的接口内容与取值方式保持一致,如表 4-1 所示。

表 4-1 "12379"电话叫应分系统接口内容与取值明细表

接口内容	取值方式
预警信息内容	包括文字和音频文件两种,音频文件的格式和码率通过预警信息发布系统转换符合发布要求
发布方式	自动语音、传真、外呼
目标区域	预警信息影响范围的区域代码,针对自动语音预警信息发布,编码方式依据《中华人民共和国行政区划代码》(GB/T 2260—2007),由"12379"电话叫应分系统根据来电号码区域判断是否需要播放预警
目标号码	目标电话号码,针对传真、外呼发布方式
预警级别	预警级别分为特别重大、重大、较大和一般四级,"12379"电话叫应分系统将预警信息的级别映射为系统内部的优先级,高级别的预警优先发送
发布时间	包括开始时间和截止时间,开始时间可默认为当前时间,也可指定为特定时间,自动语音发布方式需根据起止时间进行发布;传真发布方式发布时间只作为参考;人工外呼发布方式在截止时间前针对未接通电话需多次拨打,次数由系统参数设定

6. 分系统技术指标

分系统的消息推送技术具备速度快、精度高、安全性好的优势和高稳定的特点。

(1)速度:采用 PSTN 接入语音网关、传真发送采用 E1 接口,IVR、CTI、TTS、采编模块开发接口,在网络通畅的情况下可实现秒级发布。

(2)精度:根据用户的注册位置精准化预警消息推送。

(3)手段:可通过自动语音、传真、外呼方式发布预警信息,实现最短时间通知用户的目的。

(4)安全:对预警信息的处理实现全自动化与人工发布两种手段,杜绝任何系统故障,保证数据第一时间,精准地到达决策人手中。

（5）稳定：实现"速度快"，并达到100％的消息到达率。

（6）效果：可实现地图和表格的警告信息展示。

7. 功能描述

国家级面向决策人群的"12379"电话叫应分系统实现国、省、市、县及向基层延伸的多级应用，面向决策人群提供预警电话自动精准外呼服务，并能支持语音热线服务、预警传真服务和电话会议服务等。

8. 叫应启动警告模块

叫应启动警告模块是通过本地历史灾情影响、天气气候、地理特征分析、个人服务经验等获取分级别、分区域的气象致灾阈值，对本地降水量、风力等天气实况达到或超过致灾阈值时，系统发出叫应启动警告信息。用户通过警告信息、结合本地灾害重点防御区域、河流汇流区域、灾害隐患点、预警级别变化以及本地应急联动机制等条件，研判是否启动电话叫应外呼。

叫应启动警告模块具有叫应启动条件配置功能、历史灾情分析功能、气象要素分析功能、致灾阈值修改功能、叫应对象管理配置功能、安全隐患重点防御区域显示功能等。

（1）叫应启动条件配置功能：用户结合本地灾害防御管理办法或电话叫应应急服务机制，设置不同级别的电话叫应启动条件（默认条件为天气条件超过致灾阈值、预警信号级别变化、地方应急联动机制等）。

（2）历史灾情输入功能：通过该配置界面，能够导入本地历史灾情或者手动输入历史灾情。

（3）气象要素输入功能：通过配置界面，能够接入实时的1小时、3小时等不同时段降水量、最大阵风、能见度等气象实况数据，分析气象实况与阈值的关系，达到启动条件时激发启动叫应警告。

（4）致灾阈值修改功能：通过配置界面，用户根据本地灾害特征、个人服务经验等对致灾阈值进行修改。该阈值是触发叫应外呼的必要条件。

（5）叫应对象管理配置功能：通过该功能，用户能够对电话叫应对象分级、分区域进行管理，包括对用户的添加、删除、编辑、查询等。

（6）叫应启动警告信息展示功能：通过地图和表格展示当地致灾阈值、当地安全隐患点、重点防御区域等，突出达到叫应启动条件的警告信息。

9. 云负载及灾备模块

建设"12379"电话叫应系统的云负载和灾备模块，实现对工控机和数字板卡各项指令的全面监控，动态分配任务，实现系统云负载均衡功能，对应用服务器、数据库服务器和热备份服务器进行安全镜像备份和存储，构建灾备系统。

（1）云负载均衡功能：实现自动对相关工控机和数字板卡的运行指标、指令运算周期、指令执行速度等进行全面的监控，自动将待发布的语音预警信息加入到发送队列，根据工控机和数字板卡的运行情况智能、动态分配语音呼叫任务，实现系统的云负载均衡功能。

（2）灾备功能：对应用服务器、数据库服务器和热备份服务器进行安全镜像备份和存储，构建灾备系统。同时，还需要结合工控机和数字板卡的运行监控情况，针对出现问题的工控机和数字板卡进行报警，并自动将其语音呼叫任务信息转移给其他正常状态下的工控机和数字板卡，以保障语音外呼业务的正确、有效运行。

10. "云呼"管理模块

"云呼"管理模块是面向决策人群的"12379"电话叫应分系统的核心部分，具有呼叫管理、用户管理、人工处理等功能。

（1）呼叫管理功能：由 CTI 控制系统、IVR 服务系统、ACD 等构成。CTI 控制模块主要负责对 IVR 交互模块的管理，由 CTI 控制模块作出指令，由 IVR 交互模块来负责执行，主要功能包括 IVR 流程的设定、语种控制、提示音的制作及管理、IVR 流程规划管理、计费功能设置等；IVR 服务系统负责与运营商相连接，与用户进行语音交互的核心程序，按照 CTI 控制模块制定的树型流程来指定用户的拨打过程，同时给用户播放由 CTI 控制模块制作的提示音，可以说 CTI 控制模块是一个管理者而 IVR 服务模块是一个执行者；ACD 成批地处理来话呼叫，并将这些来话按话务量平均分配，也可按指定的转接方式传送给具有相关职责或技能的各个业务代理。

（2）用户管理功能：可以实现对呼叫用户进行资料管理，包括自动（人工）添加、编辑、分组（普通用户、信息员、预警信息发布负责人用户等）等功能，可以有效管理预警用户队伍，充分发挥信息员和责任人在预警信息传播中的作用，对特定用户进行认证、授权，可以对灾害预警信息发布精确定位，信息员可以更快、更准确地对突发预警信息进行传播。

（3）人工管理功能：作为呼叫中心中的重要组成部分，也是呼叫中心与用户之间进行直接交流的平台，具体功能包括坐席分组、呼出弹屏、工单记录、坐席状态和录音管理等。

11. "云呼"可视化监控模块

构建"云呼"系统全方位监控体系，基于大数据可视化的设计理念，能够对当前全国电话叫应信息呼叫情况进行可视化分析。利用业务监控区的大屏幕展示设备，设计满足大屏幕展示的系统界面。以可视化的形式将多类预警信息相关统计数据进行监控和展示，在启动叫应信息展示、预警业务分析、数据统计等多个方面都能够起到重要的作用，具备更加直观便捷等特性。

（1）预警信息发布监控功能：监控电话叫应信息发布情况，统计系统呼出总量、系统呼出成功量、系统呼出成功率、系统呼出呼损量、系统呼出总时长和系统呼出平均时长。

（2）坐席监控功能：对各省坐席工作情况进行监控，包括：系统转坐席、坐席工作数量、坐席工作时长和坐席平均时长。

（3）地域监控功能：结合叫应电话号码的归属地，统计不同地区的叫应数量，对比各个地区的叫应成功率、失败率。

（4）发布对象监控功能：利用大屏幕以发布对象作为统计维度，针对不同时间范围突发事件预警信息发布系统的接口调用量进行多维度、多角度、多层次统计，能够汇总统计本年度接口使用量和叫应发布量；能够完成近 5 年叫应量统计、本年度逐季度叫应量统计、本年度逐月叫应量统计；能够以雷达图的形式展示不同发布对象的接口使用量和叫应量。

（5）链路监控功能：将系统涉及的服务器、工控机等网络链路进行图形化处理，并建立相关网络监控叫应系统的接口链路，以绿色代表状态正常，以红色代表发布异常。该功能针对异常状态进行自动报警，并能够以监控列表的形式滚动展示逐秒电话叫应，以柱状图的形式展示当前年度不同月份的叫应逐月统计。

（6）数据库监控功能：具有监控数据库存储空间使用情况、每秒数据库基本操作次数、数据库并发连接数，设定数据库运行告警阈值、数据库系统异常告警、数据库系统异常统计报表及报表输出、数据库自动定期备份等功能，实时监测数据库及服务器的状态信息。

12. 国、省对接鉴权及接口子系统模块

面向国家突发事件预警信息发布系统和 31 个省级突发事件预警信息发布系统研发对接

鉴权接口。

（1）预警信息接收功能：接收来自相关系统传输的预警信息数据包，将数据包解压缩、解析成可供"云呼"系统发布的预警信息内容，并将该预警信息和要求进行存储记录，激活预警信息发布流程。

（2）预警信息解密验签功能：系统实现了预警信息解密验签功能，在接收到预警信息后，自动对预警信息进行解密，解密成功后对预警信息文件进行验签。

（3）预警信息解析功能：系统实现了预警信息解析功能，预警信息文件成功验签后，调用预警信息解析模块对预警信息文件进行解析，提取要发布的预警信息内容和发布范围等信息进行入库操作。

（4）预警信息采编功能：将解析的预警信息调用 TTS 进行信息的采编，生成"云呼"管理子系统能够调用的语音格式文件。

（5）电话叫应功能：驱动"云呼"管理子系统，将经过采编的预警信息快速进行叫应。

（6）发布记录功能：记录所有发布过程操作和信息记录，便于对发布过程进行反演和追溯。

（7）信息反馈功能：将电话叫应结果、叫应时间、人员等信息的统计反馈给调用接口的相关系统。

13. AI 智能外呼模块

通过大数据技术，利用协同过滤推荐算法训练完成 AI 智能外呼模型，自动选择使用自动叫应方式或人工叫应方式，合成个性化的电话叫应预警信息。

（1）智能训练功能：能够以叫应接收情况、呼叫通话时间、地域、叫应对象年龄、叫应时间等作为特征因子，以外呼方式和外呼语音为目标因子，通过大量数据的训练与优化形成智能外呼子系统。

（2）智能外呼功能：引入智能外呼子系统后，能够自动结合不同受众对象的爱好，自动选择使用自动叫应方式或人工叫应方式，针对自动叫应能够做出语音库的参数设置，选择不同声响、音色等语音库，合成个性化的电话叫应预警信息。

14. 个性化策略定制模块

国家级"12379"电话叫应系统具有对 31 个省个性化策略定制功能，并通过数据接口实现与各级预警信息发布系统个性化对接。

（1）策略定制功能：面向国家突发事件预警信息发布系统和 31 个省级突发事件预警信息发布系统研发策略定制功能，结合不同发布系统的发布策略需求，定制策略。

（2）个性化对接功能：由相关发布系统结合自身情况个性化设定各自的发布群组、发布对象优先权重、发布对象用户电话等策略信息，并能够通过数据接口与现有的发布系统进行对接。

4.7.4 面向基层责任人的"12379"短信分系统

1. 分系统概述

面向基层责任人的"12379"短信分系统是预警信息传播的重要手段之一。原有国家突发事件预警信息发布系统中的"12379"短信分系统通过直接与三大电信运营商（中国电信、中国移动、中国联通）对接的方式，面向手机短信用户进行预警信息的发送、回执以及反馈信息采集，同时具备对发布的预警信息进行统计的能力。但是该系统存在通信链路单通道、送达不及时、数据库结构不合理、无法发送视频和图文预警信息等问题，制约了"12379"短信分系统效益的发挥。

面向基层责任人的"12379"短信分系统是在前期短信渠道建设基础上的升级优化,从原有的传统架构迁移至专有云平台,基于 5G 短信发布技术建设高速多链路短信发布通道,优化数据库设计,确保各类应急责任人及时接收预警信息。采取相应的防范措施,实现对预警信息的手机短信快速精准发布。

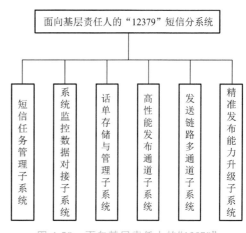

图 4-50 面向基层责任人的"12379"短信分系统组成图

2. 分系统组成

面向基层责任人的"12379"短信分系统由短信任务管理子系统、系统监控数据对接子系统、话单存储与管理子系统、高性能发布通道子系统、发送链路多通道子系统、精准发布能力升级子系统组成,如图 4-50 所示。

3. 分系统架构

面向基层责任人的"12379"短信分系统升级按照云平台思路建设,全面升级前端应用框架和平台功能,构建多通道发布链路,实现高性能发布通道服务。

面向基层责任人的"12379"短信分系统架构如图 4-51。

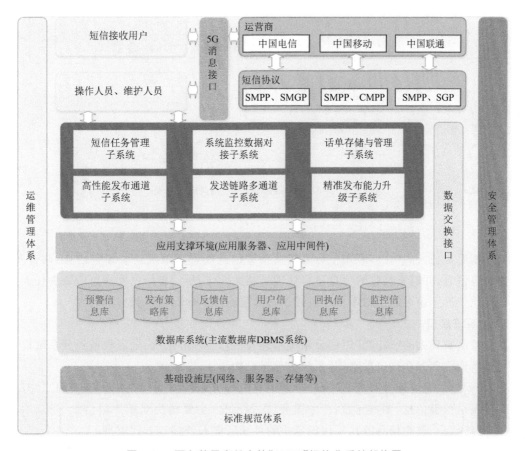

图 4-51 面向基层责任人的"12379"短信分系统架构图

4. 分系统流程

面向基层责任人的"12379"短信分系统升级后设计为国家级和省级两级系统,各级系统增加 5G 短信发布平台,与三大运营商进行对接,实现基于网络的预警信息发送给手机终端用户。

面向基层责任人的"12379"短信分系统接收预警信息处理分系统发送的待发内容,经系统接口处理后实现对应急责任人等人群的快速、高效、及时发布。面向基层责任人的"12379"短信分系统升级后采用分级优先发送原则,确保应急责任人等第一时间接收到预警信息,以便采取相应的防范措施。该平台还可以收集运营商提供的回执信息,了解手机短信到达情况,并将回执信息、反馈信息反馈至全流程监控分系统的发布渠道监控子系统(图 4-52)。

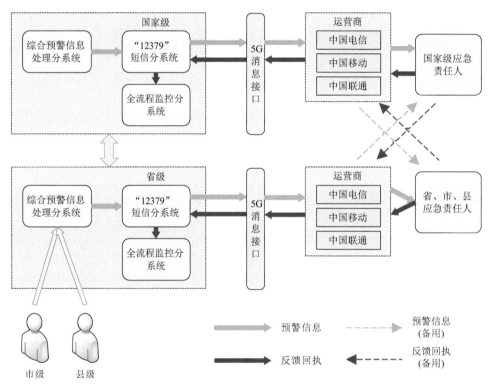

图 4-52　面向基层责任人的"12379"短信分系统业务流程图

面向基层责任人的"12379"短信分系统从预警信息处理分系统获取预警信息、调查问卷、待办提醒等信息,并对所接收的信息进行处理等相关操作,最后将信息发送给应急责任人等用户。在应急情况下也可以使用本平台直接录入信息,经过审核后将信息发布出去。

5. 分系统接口

面向基层责任人的"12379"短信分系统与预警信息处理分系统、全流程监控分系统以及三大电信运营商之间存在接口关系,分系统内部接口如图 4-53 所示。

(1)与预警信息处理分系统的接口:预警信息处理分系统向面向基层责任人的"12379"短信分系统发送预警信息、调查问卷、待办提醒、配置信息(主要指受众用户组信息、受众用户信息、发布策略信息、监控信息等),采用消息中间件或者微服务接口方式实现。

(2)与全流程监控分系统的接口:面向基层责任人的"12379"短信分系统传送回执信息、反

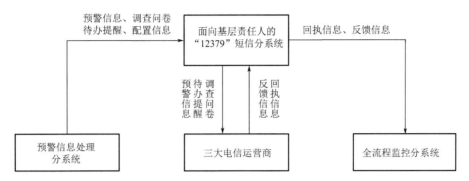

图 4-53　面向基层责任人的"12379"短信分系统接口图

馈信息给全流程监控分系统的发布渠道监控子系统,采用消息中间件或者微服务接口方式实现。

（3）与三大电信运营商的接口:"12379"短信平台利用内嵌的 5G 短信发布接口,实现对中国电信、中国移动、中国联通三大电信运营商的基于 IP 网络的短信发送能力,以便实现发送预警信息、调查问卷、待办提醒以及接收回执信息、反馈信息等。

6. 分系统技术指标

（1）内容:实现视频、图片预警信息发布能力从无到有,满足未来业务场景需求。

（2）速度:优先采用 5G 消息发送接口,不再受限于运营商提供的网关速率,文本预警信息发布能力从每秒 200～300 条提升到每秒 2000 条。

（3）精度:根据用户的注册位置精准化预警消息推送。

（4）手段:可以在人工发布与自动发布之间切换。

（5）安全:主备链路无缝切换方式,杜绝网络链路导致的系统服务故障。

7. 短信任务管理子系统

（1）子系统概述:短信任务管理子系统主要对"12379"短信发布任务的全过程进行管理。

（2）子系统组成:短信任务管理子系统主要由任务管理模块、任务断点续发模块、重发任务管理模块、短信参数管理模块、发布通道管理模块、发布策略管理模块、预警信息模板定制模块组成,如图 4-54 所示。

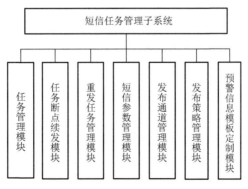

图 4-54　短信任务管理子系统组成图

（3）子系统流程:短信任务管理子系统流程如图 4-55 所示。

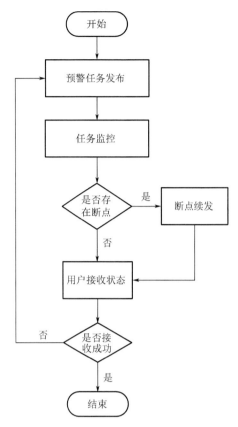

图 4-55　短信任务管理子系统流程图

当预警信息发布之后,系统自动进行配置链接并开始通过流程发布,系统在这之中全程监控,当发现有断点出现,系统将会通过任务断点续发模块进行重发。全任务流程由发布策略管理模块进行配置,其中的发布通道由发布通道管理模块进行配置,短信参数由短信参数管理模块管理,重发由重发任务管理模块进行配置,最终由任务管理模块来配置综合任务。

（4）子系统接口:短信任务管理子系统接口如图 4-56 所示。

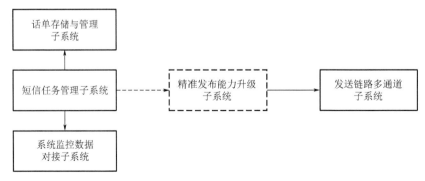

图 4-56　短信任务管理子系统接口图

短信任务管理子系统在原有 Socket 接口与三大运营商进行通信的基础上,增加 5G 消息发送接口方式,与三大运营商进行对接,形成主备互用。

（5）任务管理模块：对预警信息发布任务进行监控与管理，控制预警信息发布任务通道切换，实现通道高可用。

① 预警信息发布任务管理功能：可查看和监控预警信息发布任务，并根据需求暂停、重启、中止预警信息发布任务。

② 通道切换功能：可以在人工发布和自动发布之间进行配置上的切换，可以在传统网关与 5G 消息接口方式进行切换，实现通道高可用。

（6）任务断点续发模块：系统发布机制有健壮的断点续发能力，可确保任务异常中断重启或多次任务操作后，系统能准确继续发送。

① 续发功能：当任务异常中断、应用系统意外重启或多次任务操作后，系统能准确地从断点开始继续发送。

② 监控功能：监控发送任务是否中断，监控目前的发送队列留存情况，可以手动对未发送完毕用户短信进行撤回操作，能够实现监控结果集的报表统计、结果导出。

（7）重发任务管理模块：针对用户接收状态方便地进行检索，根据重发策略对没有接收成功的用户进行重复发送。重发的速度要求与正常发送速度相当。重发策略可以灵活定制。

① 重发配置功能：根据用户接收状态方便地进行检索，可进行单一用户、全部用户、反选用户的重发选择配置。

② 重发功能：对没有回执信息、回执信息异常、发送失败的用户进行短信重新发送操作，可支持多次重发。

（8）短信参数管理模块：提供统一的入口管理系统参数，包括运营商短信接口地址、端口、账号、流量、预警信息发布系统接口参数等。系统支持多个发送服务号码，支持多个发送服务号码的切换。系统支持主发送服务号码的扩展，可为每个单位或区域设置独立的扩展服务号码。

① 短信参数录入功能：提供短信参数人工录入和按规则批量导入功能。

② 短信参数管理功能：提供对已录入的短信参数的增、删、改、查以及备份、恢复等基本管理维护功能。

（9）发布通道管理模块：发布通道管理模块支持在线添加通道，修改通道参数，并支持通道的开启、关闭、暂停、监控。发布通道重要参数包括分配区域、接入平台、分配最大流量、最低流量、最大支持的并发任务数、优先级等。发布通道参数设置后实时生效，生效时间≤3 秒。

① 发布通道维护功能：支持在线添加通道，修改通道参数。

② 发布通道管理功能：支持通道的开启、关闭、暂停、监控。

（10）发布策略管理模块：支持根据预警区域、预警类别、预警级别、发布单位等设置对应的发布策略。发布策略主要参数包括：发送端口、优先级、时效性等。

① 发布策略录入功能：具备发布策略的人工录入及批量导入功能。

② 发布策略管理功能：具备对已录入的发布策略参数的增、删、改、查及备份、恢复功能。

（11）预警信息模板定制模块：对预警信息的显示样式进行分类管理。可根据发布责任单位、预警级别、预警事件类型、发布内容要求等进行发布模板配置，设计针对不同人群、不同预警事件类型、不同网络下定制化预警模板设计及管理。

① 模板自动切换功能：支持多模板按一定逻辑进行自动切换。针对 5G 短信模板制作应具备信息回落功能，可根据决策用户、应急责任人的移动设备和所处网络反馈信息，自动

进行信息筛选,从硬件支持角度由高到低逐级回落,即从视频或图文模板回落到纯文字模板。

② 模板管理功能:可对预警信息模板进行新增、修改、删除等操作,支持模板复制、导入、导出功能,以便进行备份及国省信息共享。

8. 系统监控数据对接子系统

(1)子系统概述:系统监控数据对接子系统主要实现对短信发布全流程数据的采集和对接。

(2)子系统组成:系统监控数据对接子系统主要由平台核心监控数据对接模块、短信任务发布监控数据对接模块、短信平台监控数据对接模块组成,如图 4-57 所示。

(3)子系统流程:系统监控数据对接子系统流程如图 4-58 所示。

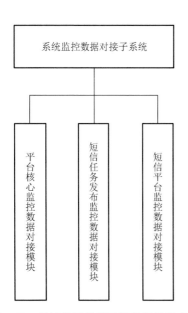

图 4-57 系统监控数据对接子系统组成图

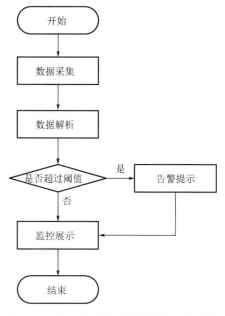

图 4-58 系统监控数据对接子系统流程图

系统监控数据对接子系统通过接口,对短信任务管理子系统、话单存储与管理子系统、高性能发布通道子系统、发送链路多通道子系统、精准发布能力升级子系统的运行数据进行接入、解析并展示。当监控数值超过阈值时,发出告警提示。

(4)子系统接口:系统监控数据对接子系统接口如图 4-59 所示。

(5)平台核心监控数据对接模块:该模块具有预警短信发送网关监控数据对接、短信任务调度监控数据对接、短信发布通道监控数据对接、发送速率监控数据对接等功能。

① 预警短信发送网关监控数据对接:支持对接口状态、发送统计信息、ACK 比率、状态报告比率等的数据对接。

② 短信任务调度监控数据对接:支持对短信任务调度平台的实时监控数据对接,包括出口实时总速度、各运营商发送速度、当前发布中的预警信息任务数、与预警短信发送网关的连接状态、与数据库的连接状态等。

③ 短信发布通道监控数据对接:支持通过图形界面对短信发布通道实时监控产生的数据

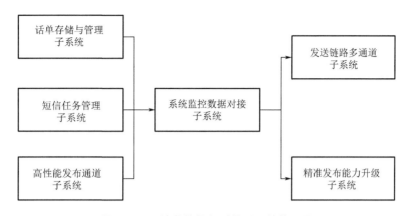

图 4-59 系统监控数据对接子系统接口图

进行对接。监控数据包括通道预置流量、通道实时流量、通道实时状态、通道任务调度数、通道消息发布数等。

④ 发送速率监控数据对接：支持各运营商预警短信发送网关实时发送速率、各通道实时发送速率、各任务实时发送速率等监控数据的采集和对接。

(6)短信任务发布监控数据对接模块：该模块具有短信任务发送情况的实时监控数据的采集和对接、任务发布情况信息监测等功能。

① 支持对短信任务发送情况的实时监控数据的采集和对接，并对业务发送情况进行自动登记，定时将发送情况发送到监测手机。

② 支持按运营商、地区、通道、任务状态等查询并监测任务信息，实时动态更新任务发布情况。

(7)短信平台监控数据对接模块：该模块具有短信平台预警发送情况的实时监控数据的采集和对接、对微服务生命状态和返回通道的实时情况监控等功能。

① 监控短信平台数据队列状态，对数据积压达到阈值的情况进行告警。

② 对信息回执实时情况状态进行监控，对超出反馈时间阈值的信息进行告警。

9. 话单存储与管理子系统

(1)子系统概述：话单是指手机短信上下行产生的记录。根据短信发起的类别分为群发推送话单、点对点话单。保证话单存储、分析统计、检索的效率，节约话单存储空间。

①数据库话单存储时间：≥6 个月。

②文件话单存储时间：≥12 个月。

③数据库话单查询响应时间：≤8 秒；文件话单查询需要提供专用工具，查询响应时间：≤30 秒。

(2)子系统组成：话单存储与管理子系统主要由话单统计模块、图表分析模块、结果集导出模块组成，如图 4-60 所示。

(3)子系统流程：话单存储与管理子系统流程如图 4-61 所示。

话单存储与管理子系统基于短信发布的存储记录，支持对数据进行分类统计，并根据已有的统计模板，对统计所得的图表分析结果导出。

(4)子系统接口：话单存储与管理子系统接口如图 4-62 所示。

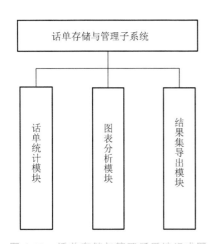

图 4-60　话单存储与管理子系统组成图

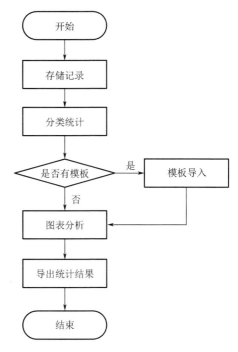

图 4-61　话单存储与管理子系统流程图

图 4-62　话单存储与管理子系统接口图

（5）话单统计模块：该模块对话单整个生命周期进行管理，即话单流水号、话单受众人群、发送起始时间、发送成功时间、发送失败时间等。

① 可按预警信息发布机构/单位、预警事件类型、预警级别、预警受众人群、运营商等进行话单统计，应包含发送成功人次、失败人次，发送成功时效、成功率等信息。

② 支持话单统计模板定制功能，可根据模板进行"一键式"统计。

（6）图表分析模块：该模块对话单查询统计进行各种类型图表展示，以便进行统计分析。

① 对单条预警信息话单统计结果实现饼图、柱状图、折线图、条形图等图表分析。

② 对多预警信息统计结果实现散点图、雷达图等图表分析。

（7）结果集导出模块：该模块对查询出的结果集可实现保存导出，支持多种数据类型和图片类型。

① 对查询数据集可以以 Excel、txt、html 等格式进行保存导出。

② 对图表分析结果可以以 png、jpg 等格式进行保存导出。

③ 可以按话单统计模板对数据集和图表进行联合导出。

10. 高性能发布通道子系统

（1）子系统概述：按照云平台建设思路，针对短信发送功能，是作为 SaaS 层（软件即服务）高性能通道服务进行发布，而系统其他应用功能通过调用高性能发布通道服务发送短信，实现业务信息的发送。

（2）子系统组成：高性能发布通道子系统主要包括信息接收服务模块、信息发送服务模块、信息自动补发服务模块。组成如图 4-63 所示。

（3）子系统流程：高性能发布通道子系统流程如图 4-64 所示。

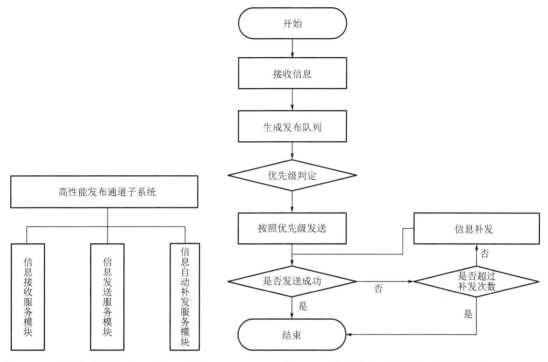

图 4-63 高性能发布通道子系统组成图

图 4-64 高性能发布通道子系统流程图

高性能发布通道子系统接受发布短信的任务和相关信息后，按照优先级对需要发布的信息进行排序发送。当监控到发送失败时，根据已设定的补发次数，自动进行信息补发。

（4）子系统接口：高性能发布通道子系统接口如图 4-65 所示。

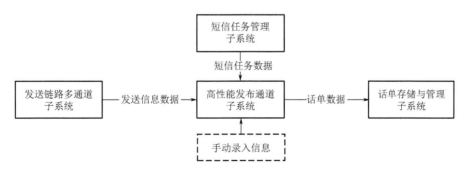

图 4-65 高性能发布通道子系统接口图

（5）信息接收服务模块：该模块具有预警信息接收功能，提供稳定队列服务，接收来自平台的预警信息发布短信实现落地、处理、存储及日志信息的结构化存储。

（6）信息发送服务模块：该模块具有预警信息发送、回执反馈等功能。

① 预警信息发送功能：将预警信息与短信受众群组关联，按照用户优先级，实现受众用户的预警短信发送功能，并将发送状态信息进行留档。

② 回执反馈功能：当信息发送完成后，可将信息发送状态反馈给客户端。

（7）信息自动补发服务模块：该模块提供预警信息自动补发服务，对于首次发送不成功的短信，提供补发通道。

补发功能：当发送状态为不成功时，该功能可对信息进行补发，并再次等待发送状态反馈，直到发送成功。

11. 发送链路多通道子系统

（1）子系统概述：发送链路多通道子系统主要功能为建立多连接通道并发，是解决发布时效性较低的最直接、最有效的方式。

（2）子系统组成：发送链路多通道子系统主要包括多链路连接模块、信息处理模块、短信平台对接模块。组成如图4-66所示。

（3）子系统流程：发送链路多通道子系统流程如图4-67所示。

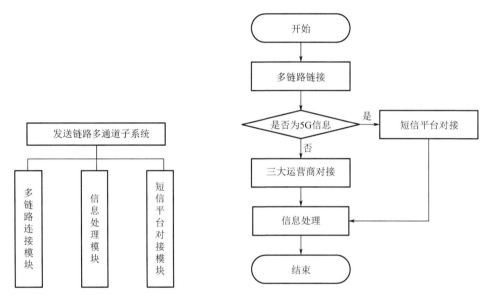

图4-66　发送链路多通道子系统组成图　　　　图4-67　发送链路多通道子系统流程图

发送链路多通道系统从短信任务管理子系统接入需要发送的短信任务后，判断该信息是否为5G信息。对于5G信息通过对接短信平台，将信息处理后发送；其他非5G信息对接到三大运营商，将信息处理后发送。

（4）子系统接口：发送链路多通道子系统接口如图4-68所示。

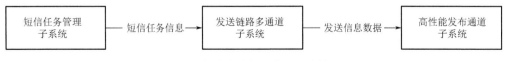

图4-68　发送链路多通道子系统接口图

（5）多链路连接模块：各省依据预警信息发送场景，选择利用5G消息发布或者使用运营商网关发布，如利用运营商网关环境需要自行配置建立连接通道数，将单链路发送的形式升级为多链路并发发送形式，提升短信的发布速率、提高预警信息发布时效。

① 并发功能:可以提供多链路的并行发送功能。

② 可配置功能:提供可视化界面供各省自行配置建立多个连接通道。

(6)信息处理模块:该模块具有优化功能、监控功能,处理短信并最优化选择通道,合理地优化各通道信息量。

① 优化功能:该功能可以根据通信量,合理分配流量至各个连接通道。

② 监控功能:可以监控所有连接通道的通信量、通信状态,为合理分配、科学优化通道信息量提供支撑。

(7)短信平台对接模块:该模块通过 5G 短信发布平台,实现发送预警图文、视频等富媒体消息。

① 预警信息对接功能:待发送的预警信息可发送到预警信息消息队列,对接微服务通过采集消息队列信息,将消息进行处理,在短信平台进行入库显示。

② 短信平台回执反馈对接功能:对每一条短信平台接收到的反馈回执,包括每个号码的发送状态及时响应时间等,可以自动返回给短信任务管理子系统,以供系统对短信整个生命周期进行统计分析及管理。

12. 精准发布能力升级子系统

(1)子系统概述:"12379"短信分系统通过消息中间件和微服务接口的双重方式对接预警信息处理分系统和全流程监控分系统,利用 CAP 协议,解析预警业务数据,根据相关字段,提取所需信息。通过地理信息、行政区划与手机号码相结合,对应急责任人和受众人群进行精确的预警短信提醒。

(2)子系统组成:精准发布能力升级子系统主要包括靶向发布模块、区域用户定向预警信息发送模块、政府应急责任人定向预警信息发送模块、动态匹配发送人员模块,组成如图 4-69所示。

(3)子系统流程:精准发布能力升级子系统流程如图 4-70 所示。

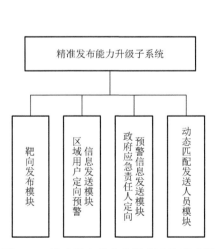

图 4-69　精准发布能力升级子系统组成图

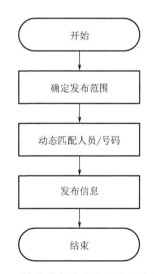

图 4-70　精准发布能力升级子系统流程图

精准发布能力升级子系统根据短信任务管理子系统传输的信息,确定发布范围,并动态匹配范围内的人员及其号码,通过发送链路多通道子系统进行发布。

（4）子系统接口：精准发布能力升级子系统接口如图4-71所示。

图 4-71　精准发布能力升级子系统接口图

（5）靶向发布模块：依据预警信息自动定位应急责任人，实现靶向发布。"12379"短信分系统接收到预警信息数据包后，根据预警信息的事件类型及发生区域对相关联的应急责任人进行靶向发送。

① 确定靶向发布对象功能：根据预警信息的事件类型与所发生的地理位置，自动确定靶向发送对象（如事先注册的该地区应急责任人）。

② 靶向定位功能：自动定位靶向发送对象所在地理位置。

③ 靶向发送功能：根据确定的靶向发送对象及所在地理位置，第一时间将预警信息发布出去。

（6）区域用户定向预警信息发送模块：向预警发生地区域的受众用户发送预警信息。

① 定向发布范围确定功能："12379"短信分系统接收到预警信息数据包后，依据数据包中事件发生地行政区划及地理范围信息，通过数据的采集，确定指定区域受众用户的手机信息。

② 定向发布功能：第一时间向所确定地区内的受众用户发送预警信息，保证受众用户及时地接收到预警信息。

（7）政府应急责任人定向预警信息发送模块：依据应急预案，向区域内应急责任人发送预警信息。"12379"短信分系统自定义应急预案或由预警信息处理分系统定义应急预案，依据预警事件类型、级别、发生区域等信息匹配应急预案，并向应急预案中的相关应急责任人发送预警信息。

① 政府应急责任人定向预警信息功能：根据配置好的应急预案，向应急预案中的相关应急责任人发送预警信息，使相关应急措施实施人最快进入应急状态。

② 配置应急预案功能：该功能可对"12379"短信分系统自定义应急预案、预警信息处理分系统定义应急预案进行相应配置。

（8）动态匹配发送人员模块：针对预警信息的首发、更新及解除，进行全流程跟踪，动态匹配发送人员。"12379"短信分系统接收到首发预警时，依据预警关联关系，及时更新接收人群，按照事件发展过程，动态调整接收短信指定区域的非特定人群。

① 发送人员信息维护功能：具备发送人员信息人工录入及批量导入功能，并具备对这些信息的增、删、改、查及备份、恢复功能。

② 发送人员策略配置功能：人工或自动调整信息发送人员对象。

4.7.5　预警信息精准靶向发布对接分系统

1. 分系统概述

随着社会的发展、人们生产生活方式的变化，原有国家突发事件预警信息发布系统的发布能力存在预警信息覆盖面不足、"最后一公里"难以到达以及预警信息精准靶向发布能力不强等问题,需要进一步提升系统的精准发布能力。分系统的建设将充分针对公众、责任人、行业等进行预警信息精准发布能力的提升。

随着手机的日益普及,特别是移动互联网和手机智能化的发展,社会公众对手机的依赖程度不断提高。手机短信、闪信预警是服务各类应急责任人及公众的精准预警信息发布手段中覆盖面广、提示性好的一项重要方式。客户端软件现已成为公众接收信息最为普遍的渠道之一,随着适应多终端的软件逐渐增多以及公众及行业用户的精细化需求引领,基于手机软件位置和行业的预警信息精准发布尤为需要,同时,客户端软件兼顾手机软件高速率推送的特点,是非常好的广覆盖、高速率精准发布的方式。在针对村镇基层及偏远地区方面,应急广播方式播发预警信息也成为了群众广覆盖获取信息的一项重要方式。

新建预警信息精准靶向发布对接分系统,将充分针对公众、行业人群、应急责任人等进行预警信息精准发布能力的提升。

2. 分系统组成

分系统包括基于位置的预警信息快速精准推送子系统、基于行业的预警信息精准服务子系统。

3. 分系统流程

预警信息对接后,各子系统对预警信息分别进行分析,圈定地理、人群、行业等范围,对接至各手段相应外部平台,对受众进行预警信息发布,同时收集发布情况的回执信息进行分析展示。

(1)基于位置的预警信息快速精准推送子系统对预警信息进行分析,快速圈定灾害影响范围,找到区域内的公众,快速精准地进行推送提醒,并统计发布情况,形成可视化展示。

(2)基于行业的预警信息精准服务子系统通过判断该预警信息的影响机理,基于行业和人群对受众用户的画像和需求进行智能研判,形成分众化的预警信息精准发布服务,并对评估与统计效果形成可视化展示。

4. 分系统接口

分系统前端接入预警信息分发分系统,后端与全流程监控分系统进行对接,如图 4-72 所示。

图 4-72 预警信息精准靶向发布对接分系统内部图

5. 分系统技术指标

分系统的 APP 消息推送方面:APP 消息推送借助长连接通道发送,从后台发送到终端接受,在网络通畅情况下秒级完成;分系统手机 APP 消息并发推送速率最高 100 万条/秒;对用户设备内多个 APP 同时进行预警信息推送,选取速度最快的通道下发,实现最短时间通知用户、最广渠道覆盖的目的。

6. 基于位置的预警信息快速精准推送子系统

(1)子系统概述:基于位置的预警信息快速精准推送子系统通过 APP 消息智能推送服务

快速发布灾害预警信息,能够圈定受影响范围,并通过人员信息智能分析、快速提醒灾害影响区域民众规避灾害,具有快速、精准的特点,能够起到预防灾害、减少损失的作用。同时将预警信息发布范围、人数、接收情况等发布效果进行可视化展示。

(2)子系统组成:子系统由推送判定模块、数据标准化模块、快速响应抓取模块、全国用户地理信息存调模块、消息推送模块、推送统计模块与预警信息发布情况可视化展示模块组成,如图4-73所示。

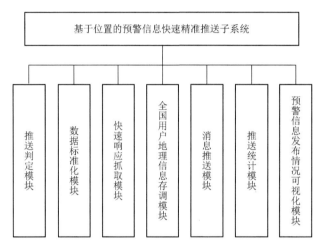

图 4-73　基于位置的预警信息快速精准推送子系统组成图

围绕"发布、接收、反馈、评估、展示"为中心,各个模块分工形式具体如表4-2所示。

表 4-2　基于位置的预警信息快速精准推送子系统功能

发布	通过推送判定模块及消息推送模块可区分不同等级灾害预警信息进行推送;通过消息推送模块进行稳定、高效地发布
接收	通过快速响应抓取模块可实现对影响区域人员进行发布,避免大范围无效发布;通过消息推送模块可实现多种消息展现模式
反馈	通过消息推送模块返回信息,可了解推送发布覆盖人群数量,信息展示、点击次数等,便于后期数据分析及评估;可通过热力图等可视化形式展现消息发布情况
评估	根据推送统计模块产生的信息,可对本系统消息的发布情况进行直观、有效的评估

(3)子系统流程:基于位置的预警信息快速精准推送子系统流程如图4-74所示。

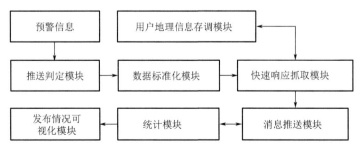

图 4-74　基于位置的预警信息快速精准推送子系统流程图

① 在接收来自国家突发事件预警信息发布系统的预警信息后,推送判定模块将对信息进行推送判断,而后将满足发布条件的预警信息流转至下一模块。

② 数据标准化模块用于将预警信息标准化,将根据预警信息中包含的影响区域信息建立地理围栏,转化为抓取模块所需的标准化格式,随后调用抓取模块。

③ 快速响应抓取模块选取可用于服务中响应最快速的通道,避免产生等待队列。

④ 用户地理信息存调模块能够通过索引快速检索地理区域数据。

⑤ 消息推送模块将把预警信息进行处理,并通过筛选推送通道,将预警信息通过推送通道推送至用户手机上,并将状态标识返回至推送统计模块。

⑥ 统计模块将收集上一模块返回的状态标识,对推送信息以 APP 通道、是否成功下发、用户展示、用户点击等信息进行统计。

⑦ 发布情况可视化模块,可以直观地通过触达人数、消息下发人群用户画像,及时了解预警信息发布情况。

(4)子系统接口:推送判定模块、数据标准化模块、快速响应抓取模块、用户地理信息存调模块、消息推送模块、统计模块和发布情况可视化模块之间存在接口关系,子系统的接口如图4-75 所示。

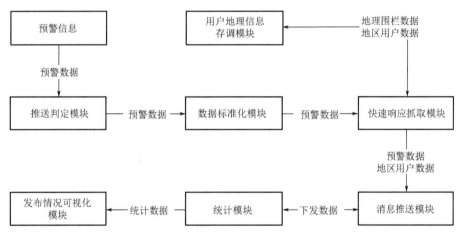

图 4-75 基于位置的预警信息快速精准推送子系统接口图

(5)推送判定模块:推送判定模块用于根据灾害级别、灾害类别进行推送范围、人数、频次的设定,避免未达到预警信息发布推送标准的信息频繁下发,将满足发布条件的预警信息流转至下一模块。

① 基本灾害预警信息接收获取功能:通过 API 接口,获取预警事件类型、预警级别、预警时间、预警范围等基本灾害预警信息字段。

② 基本灾害预警信息校验解析功能:系统服务端在接收信息发布需求后会启动响应,校验判断灾害预警信息的合理性和规范性、是否满足发布条件。

③ 基于实时地理位置的数据分析功能:系统的服务端接收到的灾害预警信息,能同时触发基于实时地理位置的数据分析过程,便于更稳定、高效地发布预警信息。

(6)数据标准化模块:该模块用于将预警信息标准化,便于调取快速响应抓取模块(以下简称抓取模块)。在接受来自上一模块的预警信息后,本模块将根据预警信息中包含的影响区域信息建立地理围栏,转化为抓取模块所需的标准化格式,随后以之调用抓取模块。

① 地理信息数据转化功能:数据分析模块将全国地理信息转换为精细网络,根据移动终端实时汇报的地理位置信息进行实时对应,可用于后续接收到的预警信息进行区域筛选。

② 数字化智能解析功能:通过服务端接收的信息,经该模块可将预警级别、发布范围、发布内容等格式,数字化智能解析成统一标准格式。

③ 基本筛选信息自动转化标准化格式功能:经由数字化智能解析筛选的信息,自动转化成系统里设定的规范格式,利于后续的快速调用抓取。

(7)快速响应抓取模块:当同一时间多个预警事件发生时,为避免产生等待队列导致预警信息发布不及时,快速响应抓取模块将选取可用服务中最快速的服务器渠道,根据上一模块提供的灾害影响区域数据,调用用户地理信息存调模块获取灾害影响地区信息。

(8)用户地理信息存调模块:用户地理信息存调模块用于存储用户地理信息数据,为快速响应抓取模块提供数据基础。

(9)消息推送模块:上一模块将灾害影响区域流转至该模块后,该模块将把预警信息进行处理,并通过筛选推送通道,将预警信息通过推送通道推送至用户手机上,并以通知栏或弹窗的形式展示。推送模块将智能选取速度最快的 APP 推送通道进行下发,争分夺秒,力保预警信息以尽可能快的速度传达至用户。

该模块无论推送成功与否,都将返回状态标识至推送统计模块,便于了解推送覆盖情况。

(10)统计模块:该模块将收集上一模块返回的状态标识,对推送信息以 APP 通道、是否成功下发、用户展示、用户点击等信息进行统计。

(11)发布情况可视化模块:为子系统预警信息发布情况提供可视化展示图,可以直观地通过触达人数、消息下发人群用户画像,及时了解预警信息发布情况。

通过大数据可视化能力,能在预警下发完成后快速绘制灾害影响区域,并以热力图的形式展现该区域预警信息发布情况,从而帮助准确、快速了解灾害范围、发布范围、发布集中位置、整体发布情况等。

7. 基于行业的预警信息精准服务子系统

(1)子系统概述:基于行业的预警信息精准服务子系统通过各类预警信息的影响机理,匹配基于旅游出行、教育、生活等对应行业细分人群受众用户的画像和需求,进行智能研判,形成分众化的预警信息精准发布服务。突出用户所需,减少信息打扰,增强用户关注,并实时跟进发布效果分析评估优化发布策略,实现精准化服务。

(2)子系统组成:子系统由综合分析模块、预警判定模块、行业用户画像模块、渠道管理与调度模块、发布模块、接收处理模块、效果评估与统计模块、可视化展示模块组成,如图 4-76 所示。

(3)子系统流程:基于行业的预警信息精准服务子系统流程包含以下步骤(图 4-77)。

① 综合分析模块:根据灾害情况和预警范围、发布后的数据反馈情况等,综合分析、制定发布策略。

② 预警判定模块:依据综合分析模块的发布策略,结合行业用户画像模块、渠道管理与调度模块的支撑数据,进行信息发送前判断。

③ 发布模块:按需调用各渠道的发布接口,进行"一键式"发布至用户客户端软件。

④ 接收处理模块:根据阅读情况、点击情况等统一标准,接收各渠道返回的各项发布反馈

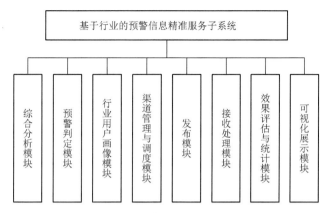

图 4-76　基于行业的预警信息精准服务子系统组成图

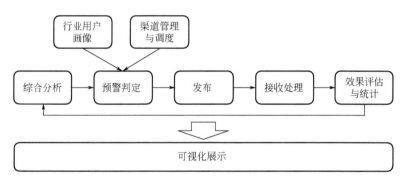

图 4-77　基于行业的预警信息精准服务子系统流程图

结果数据,并对数据进行分类处理。

⑤ 效果评估与统计模块:基于接收到的各类反馈信息,根据重要灾害事件、特殊事件节点等进行预警信息发布效果的初步评估。

⑥ 可视化展示模块:按需对经子系统的各预警信息发布全生命周期、发布渠道的配置、数据流转、发布效果统计、用户画像情况等进行可视化动态展示。

(4)子系统接口:综合分析模块、预警判定模块、行业用户画像模块、渠道管理与调度模块、发布模块、接收处理模块、效果评估与统计模块和可视化展示模块之间存在接口关系,子系统的接口如图 4-78 所示。

(5)综合分析模块:综合分析模块用于综合分析制定发布策略。模块根据预警信息范围、灾害级别、灾害类别、影响程度制定基本发布策略,同时根据发布后的数据反馈进行发布效果研判分析,最终制定综合发布策略。

① 基本预警信息的智能解析功能:服务器根据接收到的预警信息,校验解析选取预警信息范围、灾害级别、灾害类别、影响程度等传输字段。

② 自动连接反馈研判功能:通过连接推送统计模块,获取预警信息下发情况、下发用户画像、区域热力图等信息,达成快速的数据整合互通。

③ 数字化智能升级功能:通过对多次多方位多区域的预警下发信息进行研判,系统内的应对策略会相应智能升级,利于形成最精准且智能化策略。

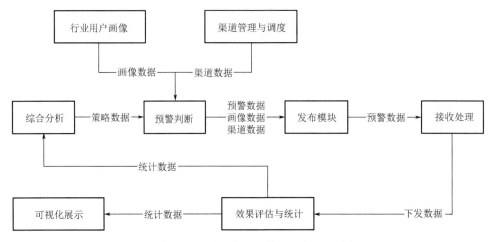

图 4-78　基于行业的预警信息精准服务子系统接口图

（6）预警判定模块：预警判定模块依据综合分析模块的发布策略，将对信息进行发送前判断，归总所需发布预警信息的受众、客户端、地域范围等各项指标，同时调用符合各项指标的用户画像数据、客户端资源等。

① 基本灾害预警信息接收获取功能：通过 API 接口获取预警信息的受众、客户端、地域范围等基本灾害预警信息字段。

② 基本灾害预警信息校验解析功能：系统的服务端在接收信息发布需求后会启动响应，校验判断灾害预警信息的合理性和规范性、是否满足发布条件，避免未达到预警信息发布标准的信息频繁下发。

③ 数据智能调取功能：根据校验解析后的用户字段，智能调取相应的用户画像数据、客户端资源等，真正实现数据整合。

（7）行业用户画像模块：该模块包含并持续更新各类单项及复合类用户画像标签，谓之用户画像总集。在用户画像源方面，一类为系统自身基础用户画像，在预警信息发布时自动提供，另一类为各类客户端自有用户画像，在总集发出需求时由各客户端自行匹配处理。该模块作为系统的基础数据支撑之一。

（8）渠道管理与调度模块：该模块用于管理已建立合作的各类行业客户端软件，包含软件在模块中增、删、改、查功能，同时根据各类软件的特点配置各项行业专业属性以及软件所含用户标签种类。为预警判定模块提供可调用接口，根据模块需求进行筛选，提供可调用单个渠道，或带标签条件的渠道资源。

（9）发布模块：基于预警判定模块各项指标与资源配置，将带用户标签、渠道标签、地域范围等全信息的预警信息，按需调用各渠道的发布接口，进行"一键式"发布至用户客户端软件。

（10）接收处理模块：此模块根据阅读情况、点击情况等统一标准，接收各渠道返回的各项发布反馈结果数据，并进行分渠道、分画像、分预警事件类型或级别等的多元化存储。

（11）效果评估与统计模块：基于接收到的各类反馈信息，根据重要灾害事件、特殊事件节点等，进行预警信息发布效果的初步评估。同时进行发布效果统计，将各类统计结果传回综合分析模块进行发布策略的分析与更新。

（12）可视化展示模块：根据预警信息的发布生命周期、发布渠道的配置、人群的用户画像，可视化展示最新预警信息发布情况。通过推送信息下发示意图，能第一时间帮助掌握预警信息下发的数据流转、发布效果、用户画像等情况。

4.8 预警信息全流程监控分系统

4.8.1 分系统概述

预警信息全流程监控分系统主要通过收集防灾减灾基础数据，自动捕获预警信息发布到多种渠道后的反馈时间和结果等信息，进行统计分析，确保各个环节都可以追溯，实现全程系统记录和综合管理。

4.8.2 分系统组成

预警信息全流程监控分系统主要由预警业务管理及全流程监控子系统、发布渠道监控子系统、预警共享服务监控子系统、预警信息生命周期监控子系统、综合展示子系统组成，如图 4-79 所示。

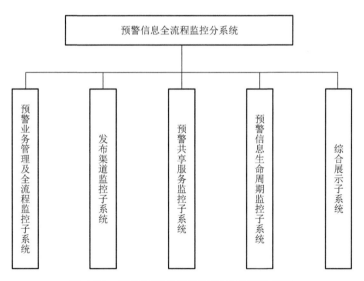

图 4-79 预警信息全流程监控分系统组成图

4.8.3 分系统接口

预警信息全流程监控分系统共有 5 个内部接口，主要包括：数据采集接口、数据存储接口、数据统计分析接口、故障报警接口和数据展示接口。

数据采集接口：在全流程监控分系统中，所有数据都通过数据采集接口获取，进行相应的分析、入库等处理。制定基础数据标准和业务流程数据标准，严格按照标准规范进行国、省两级数据获取。防灾减灾数据以 XML 文件的格式通过数据采集接口上报到国家级全流程监控分系统中,进行筛选入库。

数据存储接口:获取到各业务系统的监控数据后,根据数据分类、数据量、数据格式等,进行不同系统、不同方式的存储。对于防灾减灾数据中的结构化数据进行解析、分类、校验、入库,对于半结构化数据进行分析,可以将结构化的部分放入数据库中,对于非结构化数据进行文件存储,并建立好文件索引。

数据统计分析接口:监控信息采集后,通过数据分析接口进行数据查询、分析处理与统计,根据统计结果可自动形成图形或报表等,通过故障知识库对故障数据进行分析、追踪和统计。对全国防灾减灾多种数据按类型、按用途进行数据多维统计。

故障报警接口:当监控信息中出现故障后,通过故障报警接口进行报警,根据报警配置,可通过短消息、邮件、桌面弹窗等多手段报警。当出现数据采集接口收集的信息格式或内容有误也会以不同形式告知值班人员及时处理。

数据展示接口:经过分析、处理、统计后的业务监控数据,通过数据展示接口进行不同方式和场景的展示。

4.8.4 分系统技术指标

(1)同时管理预警业务接入点数量:不少于 50 个。
(2)处理数据类型:视频、音频、图片等多媒体数据,以及格式化数据。
(3)数据处理能力:能流畅处理全流程预警业务数据,日处理量不小于 200 G。
(4)全流程监控数据保存时间:监控预警信息处理全流程可追溯,数据保存 3 年。

4.8.5 预警业务管理及全流程监控子系统

1. 子系统概述

预警业务管理及全流程监控子系统具备业务全流程监控和预警业务综合管理的功能,实现预警信息从制作、审核、签发、发布的全流程业务操作监控,包括人员管理、日志管理、业务值班、业务咨询、故障上报、业务申请、业务进展等。同时,对于防灾减灾全业务流程进行系统留痕管理,即当某一事件或者过程发生时,要有从监测、预报、预警、服务、灾情与舆情的全过程行为记录。

2. 子系统组成

预警业务管理及全流程监控子系统由预警信息发布全流程监控模块、业务管理模块组成,如图 4-80 所示。

3. 子系统流程

预警业务管理及全流程监控子系统处理流程如图 4-81 所示。

4. 预警信息发布全流程监控模块

通过外部接口对接国家级预警信息发布相关业务系统,获取业务人员登录信息、业务操作流程信息等,实现监视预警信息、通知信息等业务数据在全流程各

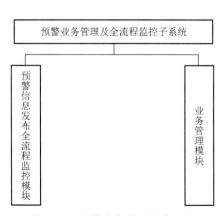

图 4-80 预警业务管理及全流程
监控子系统组成图

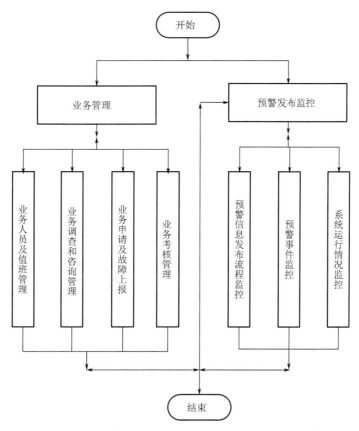

图 4-81 预警业务管理及全流程监控子系统处理流程图

个业务环节的处理状态,包括预警和通知等信息的产生、传输、处理、存储、发布等多个环节上的状态;实现对各业务具体流程操作的实时监控与追踪。

预警信息发布全流程监控模块包含预警信息发布流程监控、预警事件监控、系统运行情况监控等功能。

(1)预警信息发布流程监控功能:对备案到国家级系统的全国任意一条预警信息,均可查询到其基本信息、关联预警、信息流程和预警文件数据包内容等完整业务流程。其中信息流程包含:信息接收、解析、推送、下发、开始向上级备案、向上级备案结果、发布手段及发布结果。每个流程节点记录信息包含平台节点、处理环节、操作、办理人、完成时间、处理结果字段。

同时,可对所有备案到国家级系统的预警信息按预警事件类型、行政区划、发布单位、行政级别、预警级别、预警状态、发布时间进行多要素组合查询,检索结果同时会统计出包含自然灾害、事故灾难、社会安全、公共卫生四大类的数量,以及各发布部门的发布数量,并可下载检索数据集。

以报表看板的形式展示日常情况下国家、省、市、县多级、多部门的 24 小时内的预警信息发布流程及运行情况,显示预警信息的发布效果,监控预警信息的发布渠道与终端的工作状态与发布效果。

(2)预警事件监控功能:针对持续时间长、影响范围大的典型天气过程或事件过程,业务人员可在系统中建立事件专题。事件专题可直观展现国、省、市、县四级对当前事件预警信息发布整体情况；预警信息级别和类型的占比统计；受当前事件影响各省、市、县发布预警信息数量；当前事件发生过程中所有预警信息使用的发布手段统计；当前事件影响分析，包括人口、面积、GDP 等；可针对当前事件上传发生预警现场情况的图片、视频、文本。建立多个事件后，具备事件切换展示功能。

（3）系统运行情况监控功能：实时监控预警信息发布平台的运行情况，包括网络连接、中间件运行情况、CPU 使用率、硬盘使用率、内存使用率等信息，以及短信、网站、微信、APP 等发布手段情况，并对发现的故障自动告警。对于各级系统间的文件传输，文件传输频率小于最低值报警；文件传输频率大于最高值报警；超过阈值时间无文件传输报警，便于决策者与值班人员快速了解各级系统的运行情况。

5. 业务管理模块

业务管理模块包含业务人员及值班管理、业务调查和咨询管理、业务申请及故障上报、业务考核管理等功能。

（1）业务人员及值班管理功能：实现国家、省、市、县四级业务人员管理功能，包含姓名、联系方式、办公电话、E-mail、传真等属性，各级业务人员根据角色不同拥有不同的系统权限。同时，进行值班人员排班管理，在线安排和调整业务值班人员的值班日程计划，月末统计业务值班人员的工时和工作量。

实现各级机构通过系统填报应急责任人、预警中心联系人、信息员信息。信息员在县级和县级以上聚集显示总数、活跃人员总数和激活人员总数，在县级以下显示每个信息员详情，包含姓名、电话、所属位置。

（2）业务调查和咨询管理功能：实现全国业务调查表和调查报告信息化，在线填报业务调查结果，包括纯文本、复选、多选、单选、下拉选择等方式，可同时发布调查和通知，省级通过在线填写调查表、附件、在线编辑文本等方式进行反馈，反馈时系统自动显示联系人信息和提交日期。同时，实现实时在线消息提醒和业务咨询功能，业务值班人员实时查看业务咨询信息并可应答，业务咨询页面自动加载咨询联系人信息和应答联系人信息。

（3）业务申请及故障上报功能：实现业务申请和故障实时上报功能。各级业务值班人员在线提交业务申请单和申请反馈单（申请单位、业务类型、受理人、办理时间等），通过自动短信或声音报警提示业务人员。各级业务值班人员在线提交故障表单及故障反馈表单（报送单位、故障类型、发生时间、故障级别、故障描述、故障受理人、故障解决时间、故障原因等），通过自动短信或声音报警提示业务人员新的故障表单到达。

（4）业务考核管理功能：预警信息发布责任单位业务全过程考核，结合预警信息发布类型、级别、发布范围等，考核各级预警信息发布责任单位的预警信息发布工作，包括业务处理效率、业务进展情况等。业务处理效率包括制发后审核、签发、复核各项流程所用时间的考核，所用时间越短，处理效率越高；业务进展包括通过系统填报预警中心建设、预警信息发布工作已涵盖行业情况、各级预警中心是否挂牌成立及挂牌时间、下属机构挂牌数量、手段对接情况、部门接入情况等。

4.8.6 发布渠道监控子系统

1. 子系统概述

预警信息发布对象包括各级政府决策者、涉灾部门应急责任人和联系人、基层责任人、企事业单位安全责任人和广大社会公众。针对各类应急责任人,预警信息发布手段包括自动外呼、传真、短信、邮件、应急责任人信息管理分系统、基层预警应用服务系统等多个手段;针对公众,预警信息发布手段包括电视、广播、全网短信、大喇叭、显示屏、应急广播和基层预警应用服务终端等多种手段。发布渠道监控子系统是对预警信息发布到多种手段的时间和结果以及发布后多种手段反馈结果的进行监控、统计分析。

2. 子系统组成

发布渠道监控子系统主要包括多渠道预警信息发布情况数据接入模块、多渠道发布情况数据分析模块,如图 4-82 所示。

3. 子系统流程

发布渠道监控子系统处理流程如图 4-83 所示。

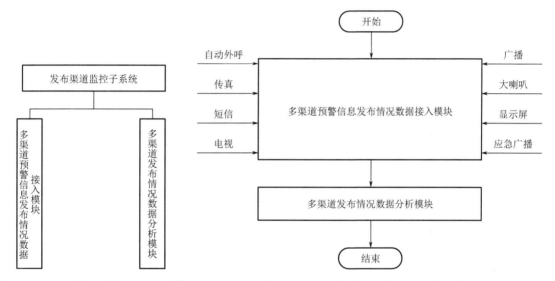

图 4-82　发布渠道监控子系统组成图　　　　图 4-83　发布渠道监控子系统处理流程图

其处理流程主要分以下两步:

(1)将自动外呼、传真、短信、邮件、电视台、广播、全网短信、大喇叭、显示屏、应急广播和基层预警应用服务终端等多渠道收集的数据在接入模块收集汇总。

(2)经过数据分析模块,分析多渠道发布情况数据,形成一系列发布效果的图表展示,包括短信发送成功数量、大喇叭和显示屏播报数量等。

4. 多渠道预警信息发布情况数据接入模块

与预警信息分发分系统对接,利用收集的大喇叭、电子显示屏、手机短信、北斗终端等多种手段的发布情况数据,研究数据收采集过程中的数据类型、通信方式、通信协议等。

(1)数据解析功能:能够解析多种发布手段回执数据,供实时展示使用。

(2)终端设备详情读取功能:根据发布手段回执数据,读取所涉及到的预警信息接收终端的详情,并与发布手段进行匹配。

(3)终端设备状态修订功能:根据发布手段回执数据,修订设备当前的在线状态,以及设备的实时信息,例如移动设备的经纬度信息、设备最近一条接收预警记录等。

5. 多渠道发布情况数据分析模块

研究多种手段发布情况各种参数的对应关系，构建多种手段预警信息接收反馈、覆盖范围、发布状态、影响人群的分析模型，建立评价预警信息发布效果的综合分析方法，为指导预警信息发布及事件后对整个预警信息发布评估提供依据和支持。借助评估模型及分析维度，实现对各类指标值的分析，从而完成对突发事件各类预警信息的覆盖率、时效性、有效性 3 个方面的评价，为决策层提供翔实的分析数据，为预警信息发布管理提供有效的参考依据。依据分析指标和数据，建立多种手段的预警信息发布覆盖范围、受众人群等分析方法，建立预警信息发布效果评估模型。

4.8.7 预警共享服务监控子系统

1. 子系统概述

预警共享服务监控实现对防灾减灾基础数据、防灾减灾业务流程数据以及各省防灾减灾业务和预警服务情况的共享和监控，监控信息包括服务用户信息、调用频次、接口状态信息、Web 访问量的采集，还包括信息服务共享过程中故障处理和报警、故障和统计分析。

2. 子系统组成

预警共享服务监控子系统主要包括共享服务数据接入模块、数据统计分析模块。组成如图 4-84 所示。

3. 子系统流程

预警共享服务监控子系统处理流程如图 4-85 所示。

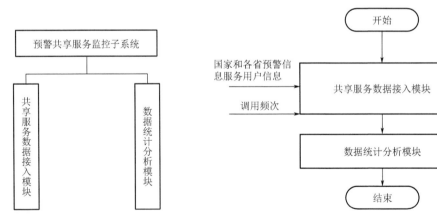

图 4-84　预警共享服务监控子系统组成图　　　图 4-85　预警共享服务监控子系统处理流程图

预警共享服务监控子系统采集国家级和各省预警信息服务的数据，进行统计分析，最后用图表进行可视化展示和实时监控。

4. 共享服务数据接入模块

接入共享服务数据，包含数据接口服务数据、网站服务数据采集。接入数据包括预警服务对象、防灾减灾基础数据、业务流程数据、接口服务调用情况、服务反馈情况数据及网站的浏览量、访客数、IP 数、访问区域和用户信息，以及具体入口页面、跳出率和平均访问时长等。

5. 数据统计分析模块

（1）统计分析功能：对预警共享服务对象和接口使用情况作统计分析。

（2）查询功能：可按时间范围、服务数据种类、用户等要素组合查询共享服务情况和反馈情况信息。

（3）监控展示功能：预警共享服务统计分析结果以图、表的形式进行展示和监控。

4.8.8 预警信息生命周期监控子系统

1. 子系统概述

预警信息生命周期监控子系统实现预警信息从生成、更新、解除的整个生命周期的监控，以及对预警信息生命过程的完整性、关联性、时效性等的监控。

2. 子系统组成

预警信息生命周期监控子系统主要包括预警信息采集模块、统计分析模块、错误预警提醒模块。组成如图 4-86 所示。

3. 子系统流程

预警信息生命周期监控子系统处理流程如图 4-87 所示。

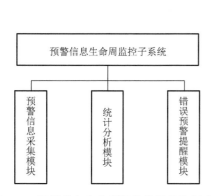

图 4-86 预警信息生命周期监控子系统组成图

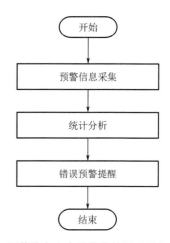

图 4-87 预警信息生命周期监控子系统处理流程图

4. 预警信息采集模块

（1）信息读取功能：通过外部接口获取预警信息发布系统的预警数据。

（2）数据解析功能：解析预警文件数据包和文件名，提取预警信息内容。

5. 统计分析模块

统计分析模块实现预警信息分级分类，可按照发布单位、时间范围、预警事件类型、预警状态、预警级别进行组合查询检索和统计分析；实现预警信息统计、查询和提示；实现历史预警信息查询检索；根据分析结果生成统计报表、图表等。

6. 错误预警提醒模块

通过预先定义的策略，对当前生效的预警进行检查，超过 24 小时仍未更新或解除的在统计页面展现，并以多种手段有效通知到相关业务人员进行排查。故障报警手段包括：短信、微信、邮件、声音，根据实际需求进行选择使用。

4.8.9 综合展示子系统

1. 子系统概述

综合展示子系统通过以报表看板的形式展示全国防灾减灾数据以及日常情况下全国 24 小时内的预警信息发布和系统运行情况,显示预警信息的发布效果,监控预警信息的发布渠道与终端的工作状态及发布效果,直观掌握全国各省预警信息发布情况及效果。支持接入实时气象要素,为预警信息发布效果的分析、研判提供气象服务支撑。

2. 子系统组成

综合展示子系统由系统资源情况展示模块、数据存储情况展示模块、预警信息全生命周期展示模块、预警业务管理及流程展示模块、突发事件全流程及直报情况展示模块、预警共享服务情况展示模块、发布手段及反馈信息展示模块、大数据辅助决策内容展示模块组成,如图 4-88 所示。

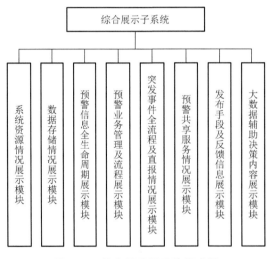

图 4-88　综合展示子系统组成图

3. 子系统流程

综合展示子系统处理流程如图 4-89 所示。

4. 系统资源情况展示模块

实现网络连接监控、系统状态监控、用户行为监控、文件系统监控、进程监控、故障告警等监控信息的展示,为各级系统管理员和业务人员提供系统的运行状况监控信息。

5. 数据存储情况展示模块

对数据存储监控信息进行展示,重点展示国家级系统数据库存储空间、增长量及数据资源池的使用情况,并提供对其相关责任人员的通知功能。

6. 预警信息全生命周期展示模块

支持查看预警信息详情,也可查看相关的首发、解除、更新的预警信息,监控展示预警信息全生命周期发布过程。

7. 预警业务管理及流程展示模块

通过读取预警业务管理及流程过程中相关数据,并进行分析,实现基于 GIS 监控和展示,

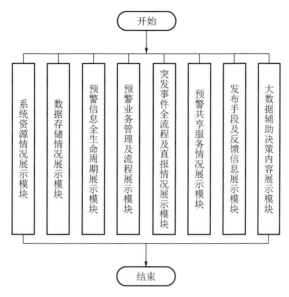

图 4-89　综合展示子系统处理流程图

包括全国预警信息发布情况、综合发布数据情况、重大预警信息、终端设备分布情况和机构值班情况等数据。

8. 突发事件全流程及直报情况展示模块

本模块对突发事件全流程和直报情况的监控信息进行展示，如直报上传内容监控信息、内容热度监控信息、评论情况监控信息、上传通道健康状态监控信息、公众反映监控信息、上传用户监控情况、地理分布监控情况。

9. 预警共享服务情况展示模块

实现对应用系统及网站共享预警信息的监控功能，如接口连接情况以及交互次数、数据流量等内容的统计分析。

10. 发布手段及反馈信息展示模块

支持在地图上展示全国发布渠道分布情况，包括各类渠道数量及运行状态等，可按照行政区划、渠道类型、运行状态等进行筛选，同时可查看渠道详细信息。

11. 大数据辅助决策内容展示模块

对辅助决策重点数据、风险评估结果数据读取解析后，进行汇总，选取适合的可视化图表工具，将各种数据的总体数量情况进行展示，同时支持对具体信息进行深入查看功能。通过直观突出的方式予以展示。

第5章 与外部系统对接设计

5.1 概述

国家突发事件预警信息发布系统是国家突发事件应急体系建设规划中统一的预警信息发布平台,面向不同涉灾部门的预警信息发布和共享应用,为相关部门发布预警信息提供综合发布渠道。在与外部系统对接方面,该系统设计了国、省预警信息发布系统对接分系统,连接国家级和省级预警信息发布系统,依托国内现有业务系统和预警信息发布手段,整合信息发布资源,形成覆盖全国的预警信息发布体系,建立起全国统一、权威、畅通、有效的预警信息发布渠道和网络;设计了国家部委个性化应用分系统,录入端延伸到各个部门,提供各部门预警信息快速发布功能;设计了国家部委个性化服务分系统,能够全方位地展示和监控预警信息发布责任单位发布的相关预警,以及其需要关注的所有预警信息的发布流程和发布结果,提供更精细的个性化服务。

5.2 组成

与外部系统对接包含国省预警信息发布分系统、国家部委个性化应用分系统、国家部委个性化服务分系统三部分。国省预警信息发布分系统实现省级预警信息发布系统接收国家级预警信息发布的指令,并向国家突发事件预警信息发布系统上报各省预警信息发布的反馈结果、本省发布的预警信息,以及接收备案预警事件类型、行业信息等各类业务管理和辅助决策信息;国家部委个性化应用分系统针对各部委已经建立的自有预警信息发布系统,设计专门的预警信息接口与其进行系统对接,最终实现部委个性化应用效果,进一步提升部委应用系统发布预警信息的效率;国家部委个性化服务分系统全方位展示和监控预警信息发布责任单位发布的相关预警以及其需要关注的所有预警信息的发布流程和发布结果。与外部系统对接组成如图5-1所示。

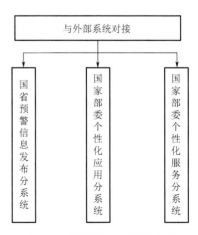

图 5-1　外部系统对接组成图

5.3 国省预警信息发布系统对接分系统

5.3.1 概述

国省预警信息发布系统对接分系统是国家预警信息发布体系承上启下的关键一层,连接国家级和省级预警信息发布系统,依托国内现有业务系统和预警信息发布手段,整合信息发布资源,采用国、省两级应用的建设模式,形成一体化对接标准规范,形成覆盖全国的预警信息发布体系,建立起全国统一、权威、畅通、有效的预警信息发布渠道和网络。

5.3.2 总体设计

系统由国家级和省级两级部署应用,整体架构如图 5-2 所示。

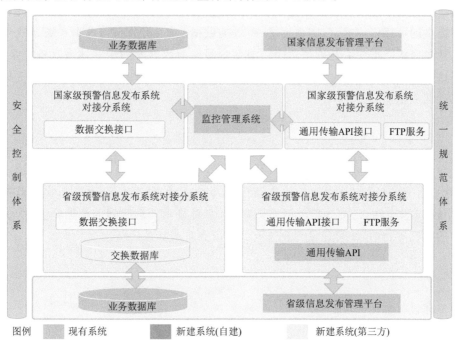

图 5-2 国省预警信息发布系统框架图

5.3.3 分系统组成

分系统由预警信息传输子系统、基础信息交换子系统、监控管理子系统组成,如图 5-3 所示。

预警信息传输子系统负责国、省之间预警信息、备案信息、回执信息、监控信息等各类信息的高效传输;基础信息交换子系统负责国、省之间基础信息与业务操作信息的同步;监控管理子系统负责对分系统中的软件、系统资源进行监控管理。

5.3.4 预警信息传输子系统

各省预警信息发布管理平台、国家级预警信息发布管理平台默认通过调用 API 接口,实现省级与国家两级信息发布管理平台的双向通信。当无法采用 API 接口通信时可以采用 FTP 服务器文件传输的方式,将处理完成的预警信息交互协议包传输到规定的 FTP 服务器目录下。子系统采用规范的传输协议实现预警信息的传输,并在消息中间件和 FTP 两种传输模式中自动切换。

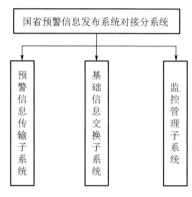

图 5-3 国省预警信息发布系统对接分系统组成图

国省信息传输主要包括预警业务信息和监控信息。基础业务信息主要包括省级预警信息、省级反馈信息、国家级向省级发布相关信息等;监控信息主要为省级发布系统运行情况、连通性情况等信息。

5.3.5 基础信息交换子系统

基础信息交换子系统负责集成各个省级基础信息库中的数据,通过消息中间件和数据库同步软件提供的可靠传输通道,实现可靠、高效的数据交换,将分布在各个省级系统中的基础信息同步到国家级数据中心基础信息库。消息中间件与数据库同步软件为互备关系,确保数据的完整性与系统的稳定性。基础信息包括行政编码、预警事件类型、发布渠道、责任人信息等各类基础业务信息。

5.3.6 监控管理子系统

国家级建立监控管理平台,提供图形化的 Web 服务、应用服务、数据库服务、统一消息接口、数据库平台等的运行参数的实时动态监控,实时显示各服务的运行情况,实时监控数据库的存储容量、日志文件、CPU、内存、网络流量等,实时显示消息队列的数据量变化、显示渠道反馈接收的数据等,为系统管理员和业务人员提供实时的状态信息。

5.3.7 接口设计

接口整体设计如图 5-4 所示。

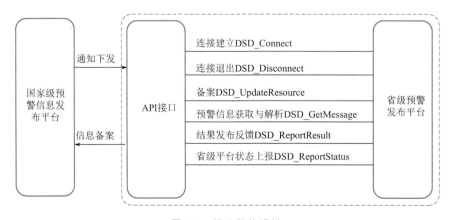

图 5-4 接口整体设计

1. 连接建立：DSD_Connect(filename,Dir)

省级平台与国家级预警信息发布管理平台的通信采用 TCP/IP 协议，通过 DSD_Connect 来建立长连接。参数 filename 是建立连接时全路径的认证文件名。与国家级预警信息发布管理平台建立连接时，省级平台的固定 IP、标识编码和鉴权码三者共同构成该平台的唯一标识进行身份认证，符合身份认证的省级平台允许建立连接，不符合身份认证的平台则断开连接。参数 Dir 是省级平台工作目录的绝对路径。

2. 连接退出：DSD_Disconnect( )

当省级平台要退出与国家级预警信息发布管理平台的连接时调用该 API 接口。当接口开发包自动升级完成后，也调用该接口断开连接，然后自动调用 DSD_Connect 重新建立连接。

3. 备案：DSD_UpdateResource(filename,id)

国家级预警信息发布管理平台需要获取各省预警和业务数据的详细信息，以便统计预警信息的发布结果，进行预警信息发布效果评估。通过省级备案的描述文件、预警及渠道发布情况反馈标识编码进行识别。

4. 预警信息获取与解析：DSD_GetMessage( )

省级平台调用此接口可以获取从国家级预警信息发布管理平台发送过来的预警信息。当有新的预警信息需要省级平台接收的时候，国家级预警信息发布管理平台会给省级平台发送消息，当省级平台获取到消息后调用 DSD_GetMessage 来得到预警信息的文件。

需要补充说明的是，DSD_GetMessage 的功能不仅仅是预警信息获取与解析，实际上该接口同样可以获取到省级平台的认证信息、上报发布结果指令反馈信息、上报渠道连接状态指令反馈信息以及与国家级预警信息发布管理平台失去连接信息等，只不过这些功能是在接口开发包内部被使用。

5. 发布结果反馈：DSD_ReportResult(filename,waringid)

当省级平台完成预警信息发布后，要汇总发布渠道、发布成功量、发送失败量以及每一个渠道的发布结果的详细信息，调用 DSD_ReportResult 上传给国家级预警信息发布管理平台，并告知预警信息编码。

6. 省级平台状态上报：DSD_ReportStatus(filename,id)

省级平台需要定时收集各渠道连通实时状态（如正常、阻滞、停止等信息），通过 DSD_ReportStatus 上报给国家级预警信息发布管理平台。

5.4 国家部委个性化应用分系统

5.4.1 概述

国家突发事件预警信息发布系统是各部委共建共享的系统，其中部委个性化应用分系统延伸到各相关部门，为各部委提供预警信息快速发布功能。对于需要人工录入预警信息的部委，可以选择部委个性化 PC 端预警信息发布子系统部署应用，移动端预警信息发布子系统可利用智能手机完成不同角色的快速审核与签发，对于已经建立自有预警信息发布系统的部委，可提供专门的预警信息接口与其进行系统对接，最终实现部委个性化应用效果。

为保障信息安全，部委个性化应用分系统需由部委提供电子政务外网支持。数据共享指标满足对数据资源统一规划管理需求,在资源数据收集、处理、分发的过程中要保证数据的正确性和完整性。

5.4.2 分系统组成

国家部委个性化应用分系统由部委个性化应用 PC 端预警信息发布子系统和部委个性化移动端预警信息发布子系统两部分组成,如图 5-5 所示。

5.4.3 分系统流程

国家部委个性化应用分系统流程如图 5-6 所示。

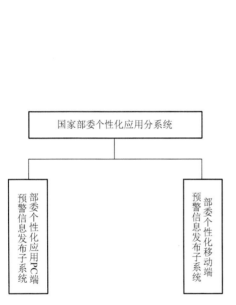

图 5-5 国家部委个性化应用分系统组成图

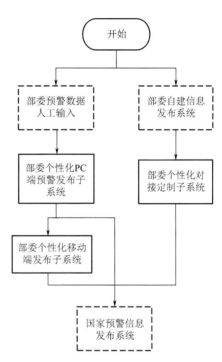

图 5-6 国家部委个性化应用分系统流程图

5.4.4 部委个性化应用 PC 端预警信息发布子系统

1. 概述

部委个性化应用 PC 端预警信息发布子系统面向部委,支持对各部委预警信息采集、审核、签发与质控;通过提供个性化终端录入定制界面,满足人机交互的预警信息制作需求;实现配置数据质控规则,对制作的预警信息进行敏感词过滤和合理性检查,对不满足要求的预警信息实现提示告警。

2. 组成

部委个性化应用 PC 端预警信息发布子系统包括部委个性化录入定制模块、部委个性化信息变更模块、部委个性化关键字查询模块、部委信息录入权限设置模块、部委个性化多语种录入支持模块、部委个性化多语种专题词库模块、部委个性化多语种词库维护模块、部委个性化信息质控模块。子系统组成如图 5-7 所示。

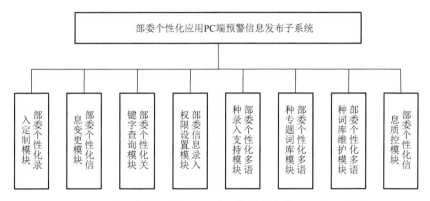

图 5-7 部委个性化应用 PC 端预警信息发布子系统组成图

3. 流程

部委个性化应用 PC 端预警信息发布子系统的流程如图 5-8 所示。

部委个性化应用 PC 端预警信息发布子系统分配采集员、审核员、签发员角色。采集员录入信息后提交审核,质控系统首先介入,当出现错误时提示驳回修改,信息正确则进行下一步审核和签发环节,信息流转的每一步都可以进行驳回修改处理,最后信息流转到预警中心进行复核发布,子系统提供全流程数据监控。

4. 部委个性化录入定制模块

部委个性化录入定制模块支持不同部委个性化预警信息录入定制,可形成不同风格界面、基本录入信息、个性化定制预警事件类型、定制发布策略等,并可根据需求定制多套系统操作风格模板,方便用户进行选择与设置。模块支持对预警事件类型进行定制,包含自然灾害类、事故灾难类、公共卫生事件类、社会安全事件类及警示类、通知类、科普类信息定制等,支持对部委预警信息进行个性化发布策略定制,实现包括发布角色定制、发布流程定制、发布渠道定制等功能,定制完成后可实施快速预警信息发布。

5. 部委个性化信息变更模块

由于系统涉及多部委使用,数据量大、多、杂,难免会有相同信息多次录入的情况,部委个性化信息变更模块为不同部委提供对新增录入信息进行排重,通过信息高亮形式展示重复信息关键词组,方便用户进行调整。模块实现对数据库信息进行查重处理,针对异常数据进行告警,可对录入的信息单元进行编辑、变更处理,便于工作人员的信息核对、录入,减轻工作负担。

6. 部委个性化关键字查询模块

部委个性化关键字查询模块可利用关键字对录入的信息进行查找,便于工作人员快捷、准确地查找到所需信息。包括结合个性化的预警信息项制作相应的查询条件,由用户选择并输入查询关键信息,系统按照相应的数据单元和数据属性,快速进行精确查询;打破单条信息以及各个数据单位的条块分割,按照输入的关键字对全库进行关键词模糊检索;按照预警级别、灾种、区域、时间等维度提供关联推荐查询功能等。

7. 部委信息录入权限设置模块

对不同部委、不同层级、不同角色的用户提供个性化定制功能,通过设置用户名和口令对录入和修改信息的权限进行控制,包括口令验证、录入权限设置、修改权限设置等功能。

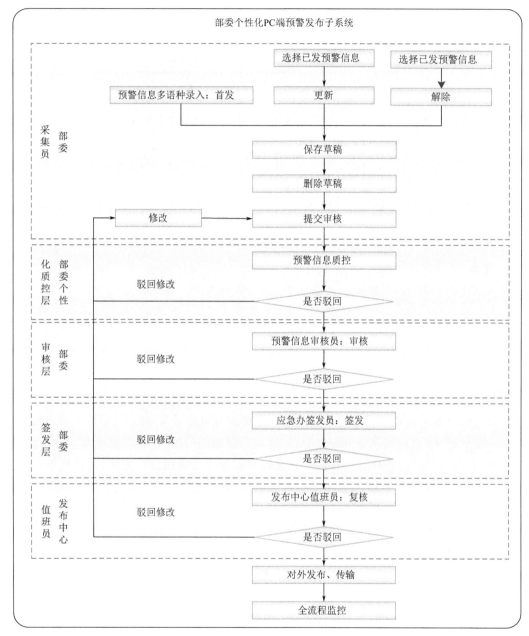

图 5-8　部委个性化应用 PC 端预警信息发布子系统流程图

8. 部委个性化多语种录入支持模块

为不同地域、不同部门、不同语言文字的用户群体,提供支持汉、藏、维、蒙、壮等多语言及英语等多语种的预警信息录入,以增强多语言文字用户群体的应用。

9. 部委个性化多语种专题词库模块

针对不同部门、不同行业提供预警信息相关的专业词汇,建立汉、藏、维、蒙、壮等多语言及英语等多语种的预警信息专题词库,提供多语言间的对应关系,支持预警信息在不同语言间翻译转换,满足不同用户的需要。

10. 部委个性化多语种词库维护模块

建立针对不同部委的多语种动态词库维护模块,根据需要实现自动更新和手动维护,实现对多语种预警信息专题词库的可视化管理,能够分类、分语种浏览、查询预警信息专业词汇及其语种间对应关系,支持单条和批量词汇的增加、删除、修改操作。

11. 部委个性化信息质控模块

对敏感词词库进行管理,配置预警信息制作质控规则,并对质控过程进行管理,以加强对预警信息内容的监管,提高工作效率。

5.4.5 部委个性化移动端预警信息发布子系统

1. 概述

部委个性化移动端预警信息发布子系统面向部委,支持预警信息的移动端审核、签发与质控。子系统通过个性化移动终端审核和签发界面,满足移动端人机交互的预警信息审核需求。子系统可配置数据质控规则,对制作的预警信息进行敏感词过滤和合理性检查,实现对不满足要求的预警信息进行提示告警。面向部委应用的移动端子系统同时提供预警信息多语种、人性化的录入界面。

2. 组成

部委个性化移动端预警信息发布子系统主要包括部委个性化移动端应用模块、部委个性化移动端信息审核模块、部委个性化移动端信息签发模块。子系统组成如图 5-9 所示。

3. 流程

部委个性化移动端预警信息发布子系统流程如图 5-10 所示。

部委个性化移动端预警信息发布子系统面向部委,可分配审核员、签发员角色。当部委个性化 PC 端采集员录入预警信息并提交审核后,可采用 PC 端或移动端两种审核方式,当预警信息进入移动端审核后,移动端质

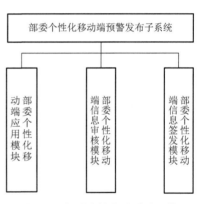

图 5-9 部委个性化移动端预警信息发布子系统组成图

控系统介入,出现错误后提示驳回修改,预警信息正确则进行下一环节,每一步都可以进行驳回修改处理,最后预警信息提交到预警中心进行复核发布,子系统提供全流程数据监控。

4. 部委个性化移动端应用模块

部委个性化应用 PC 端预警信息发布子系统采集的预警信息发送至质控系统,在移动端进行质控策略配置,对预警信息进行质控和审核签发,审签后的预警信息反馈到预警中心进行复核,最后通过各渠道进行发布。移动端的审核、签发信息实时反馈至部委个性化应用分系统,保障预警信息发布全流程的完整性,并记录移动端设备绑定的手机号码。

5. 部委个性化移动端信息审核模块

在移动端可以查看已采集预警信息的状态和内容,实现对已采集的预警信息进行在线审核。对于质控提示可能存在问题的预警信息实现移动端驳回,在线审核无误后,正确的预警进入签发环节。

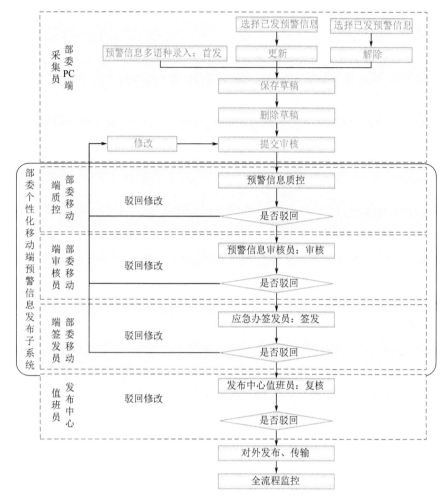

图 5-10　部委个性化移动端预警信息发布子系统流程图

6. 部委个性化移动端信息签发模块

对已审核的预警信息进行在线签发,对存在问题的预警信息实现移动端驳回。移动端可以完成"一键式"发布,并展示预警信息在各渠道发布的情况,及时反馈给部委相关工作人员,使其掌握预警信息发布情况。

5.5　国家部委个性化服务分系统

5.5.1　概述

每个发布预警信息的国家部委对发布流程、发布结果、发布手段的服务和展示的需求均彼此不同,因此为了更好地为预警信息发布责任单位做好服务,需要个性化开发其所需的服务展示系统,系统对国家部委个性化服务提供支撑,包括数据采集、存储、展示、服务等流程,实现预警信息发布结果可视化综合展示。

5.5.2 分系统组成

国家部委个性化服务分系统由数据采集存储子系统、国家部委个性化大屏幕服务子系统、国家部委通用移动端服务子系统组成,如图 5-11 所示。

5.5.3 分系统流程

国家部委个性化服务分系统流程如图 5-12 所示。

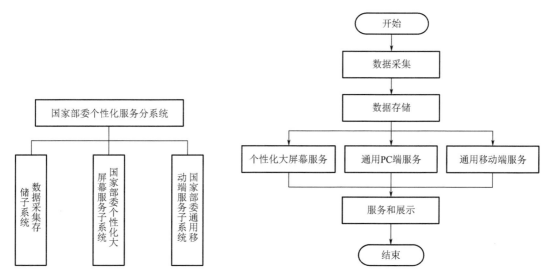

图 5-11　国家部委个性化服务分系统组成图　　　图 5-12　国家部委个性化服务分系统流程图

5.5.4 数据采集存储子系统

1. 概述

数据采集存储子系统通过外部接口获取相关预警信息和监控反馈信息,经过数据获取、解析、转换后存储在本地,供国家部委个性化大屏幕服务子系统、国家部委通用 PC 端服务子系统和国家部委通用移动端服务子系统使用。

2. 组成

数据采集存储子系统主要包括数据获取、数据解析、数据分析转换和数据存储模块,组成如图 5-13 所示。

3. 流程

数据采集存储子系统处理流程如图 5-14 所示。

4. 接口

数据采集存储子系统包含 1 个外部接口和 3 个内部接口。外部接口用于从部委预警接口获取数据信息。内部接口包括:数据采集接口,即在国家部委个性化服务分系统中,所有数据都通过数据采集接口获取,在获取到监控数据后进行相应的分析、入库等处理;数据存储接口,即获取到各业务系统的监控数据后,系统根据数据分类、数据量、数据格式等数据,通过数据存储接口进行不同系统、不同方式的存储;数据统计分析接口,即服务信息采集后,通过数据分析接口进行数据查询、分析处理与统计,根据统计结果可自动形成图形或报表等。

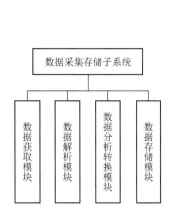

图 5-13　数据采集存储子系统组成图

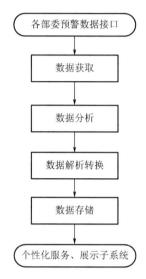

图 5-14　数据采集存储子系统处理流程图

5. 数据获取模块

通过外部接口对接国家级预警信息发布相关业务系统,获取业务人员登录信息、业务操作流程信息、预警信息、预警信息发布反馈信息等,监控预警信息、通知信息等业务数据在全流程各个业务环节的处理状态。

6. 数据解析模块

根据统一的格式规范,通过对采集到的预警信息进行处理和解析,转成子系统可识别的信息源。根据不同部委信息种类的存储和编码状况定制转码规则,解析数据后成为统一的标准化信息。

7. 数据分析转换模块

对解析后的数据进行分析整理并进行数据转换,形成子系统所需要的数据结构。数据转换依据其数据分析的结果而进行,将数据转换成相应的规范的目标数据结构,以实现数据的归集性和关联性。

8. 数据存储模块

根据数据分类、数据量、数据格式等,通过数据存储接口进行不同系统、不同方式的存储。数据存储在设计之初就必须要考虑性能和维护等问题;此外,海量数据和跨年度等长时期的数据,在数据存储的设计前必须明确其主键、外键和索引等相应性能设计。对存储好的数据应建立相应的文件索引,以供系统调用。

5.5.5　国家部委个性化大屏幕服务子系统

1. 概述

国家部委个性化大屏幕服务子系统满足不同用户对平台功能的个性化需求,是用户使用子系统的功能组件、用户界面和业务流程的入口,具备业务全流程监控和预警信息发布结果综合管理的功能,实现预警信息从制作、审核、签发、发布的全流程业务监控,并具备实现预警信息发布结果统计分析和监控展示的功能。

2. 组成

国家部委个性化大屏幕服务子系统主要包括个性化数据处理模块、界面风格自定义模块、系统功能组件自定义模块、业务流程自定义模块、典型模板设置模块,组成如图 5-15 所示。

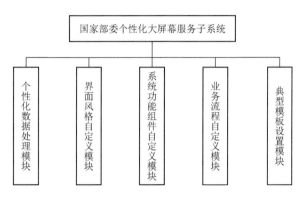

图 5-15 国家部委个性化大屏幕服务子系统组成图

3. 流程

国家部委个性化大屏幕服务子系统的数据信息从数据采集存储子系统获取,经过个性化数据处理后,被界面风格、功能组件、业务流程、典型模板等各种自定义模块调用,为大屏幕服务子系统使用(图 5-16)。

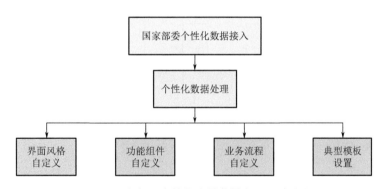

图 5-16 国家部委个性化大屏幕服务子系统流程图

4. 个性化数据处理模块

对各部委产生的不同种类和格式的数据进行规范化标准化处理,供大屏幕服务子系统调用。

5. 界面风格自定义模块

提供给用户自选界面风格,包括颜色、字体、布局等,满足各类用户在应用系统时有不同的展示效果和使用习惯的需求,用户的设置能够自动保存个人喜好并在下一次进入系统自动应用。

6. 系统功能组件自定义模块

用户在应用系统时只需选择所需的功能组件,并组合起来,按一定的业务流程进行组织。可以在默认设置基础上进行个性化配置,根据用户账号的不同,按照已选择的套件和组合,在后续的操作过程中自动应用。

7. 业务流程自定义模块

业务流程自定义模块能够将不同组件连接到一起,对于不同的业务类别操作可以设置个性化的流程节点,比如跳过某些不具备条件或不需要的流程环节等。

8. 典型模板设置模块

可将常用、共有功能设置成典型模板,以供用户自由选择。典型模板功能主要是对常用的选项和输入等进行识别并提示自动添加到模板,后续在使用过程中能够快速应用这些模板设置项。

5.5.6 国家部委通用移动端服务子系统

1. 概述

国家部委通用移动端服务子系统面向国家部委提供应急服务支撑,以移动客户端为载体为各部委提供气象服务功能,并针对部委提供定制的个性化信息展示、本行业突发事件直报、应急服务等功能。

2. 组成

国家部委通用移动端服务子系统主要包括气象服务模块、预警信息服务模块、突发事件直报模块、应急服务模块和信息定制模块,组成如图 5-17 所示。

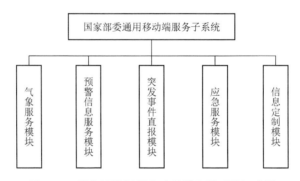

图 5-17 国家部委通用移动端服务子系统组成图

3. 流程

国家部委通用移动端服务子系统的数据信息从数据采集存储子系统中获取,经过个性化数据处理后,供移动终端使用。移动端可通过两种方式获取数据和产品:主动推送和接口调用。业务处理流程如图 5-18 所示。

4. 气象服务模块

为部委提供气象服务功能,包括实况观测数据展示、预报数据的显示,包括决策服务专报展示等功能。

5. 预警信息服务模块

预警信息服务模块接入国家预警信息发布中心预警数据,显示用户当前所在位置是否有生效预警信息,匹配加载当前位置对应的县级、市级和省级生效预警情况。通过 GIS 地图显示全国正在生效的预警信息,显示省、市、县预警信息生效数量统计,可通过控件对预警信息级别进行筛选。

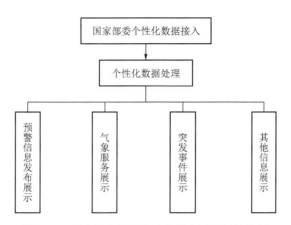

图 5-18　国家部委通用移动端服务子系统流程图

6. 突发事件直报模块

突发事件直报模块支持各地用户上传在现场拍摄的视频或图片等功能,拍摄后的直报内容支持本地预览,支持视频和图片格式上传。通过定位获取用户当前位置、选择上传标签、填写标题、描述内容,点击"上传"按钮进行上传。上传成功后的直报内容可在线浏览上传内容,并支持点赞、分享、评论功能,并通过"一张图"实现 48 小时内直报内容展示,通过经纬度标记在地图上,方便快速定位上传地点。突发事件直报模块支持切换摄像头、开启或关闭闪光灯、切换拍摄视频或图片等功能。

7. 应急服务模块

应急服务模块对接各部委应急启动信息,在系统中展示部委应急响应状态,并提供各部委应急预案信息查看。

8. 信息定制模块

结合部委需求,综合应用行业数据和气象数据加工制作服务产品,针对部委的需求,提供定制的个性化信息展示。

第6章 系统标准体系设计

6.1 概述

国家预警信息发布中心作为预警信息的权威发布机构,是国家应急管理体系的重要组成部分。预警信息发布工作不仅要建设好信息发布渠道,更要坚持各级政府共建、各部门共用、全社会共享,才能实现预警信息发布工作的权威统一、精准高效。因此,迫切需要加强全国突发事件预警信息发布体系标准的规划和路线图建设,完善预警信息发布标准体系,切实提高预警信息发布工作标准化水平。规划国家突发事件预警信息发布标准体系,加快组织制定、修订相关标准规范,务求在系统建设过程和业务发展中,实现全国预警信息发布工作的标准化和平台建设的一体化,下好全国预警信息发布"一盘棋"。

6.2 预警信息发布标准现状及问题分析

现有预警信息发布相关标准具体内容分析如下:

(1)总体来看,国标体系缺乏顶层设计和整体布局,业务规范和管理规范未形成相应的标准。

(2)基础综合类存在和预警本身结合度不够的特点。侧重公共安全类多,但预警信息发布类、应急体系类少。

(3)现有标准主要集中在预警信息制作中自然灾害中的气象类、海洋类预警信息的分类和级别,由相关灾害的预警信息发布或是研究部门主导制定。

(4)预警信息发布标准缺口较大,相关发布方式、传播手段、反馈方式等预警信息传播策略还没有形成管理规范。

(5)综合管理相关标准还处于探索阶段,尤其在规定预警信息发布相关业务管理等方面的标准和规范尚处于空缺或初级阶段。

综上所述,针对突发事件中各类预警的特点,保证预警信息发布精准、高效、广覆盖,以上存在的问题都亟待解决。

6.3 国家突发事件预警信息发布标准体系

6.3.1 方针

本标准体系构建遵循"目标明确、全面成套、层次适当、划分清楚"的基本原则,围绕国家突发事件预警信息发布业务,按照预警信息发布工作内在联系所构成的有机整体,从预警信息发布业务全流程进行标准体系的梳理,充分考虑自然灾害、事故灾难、公共卫生事件和社会安全事件四类突发事件预警信息发布的相关领域已有的标准,同时又充分考量国家突发事件预警信息发布体系的业务流程和分类,兼顾未来建设发展的需求,梳理编制整体标准建设框架;在具体的标准体系构建过程中,既要突出标准体系的整体性,又要考虑标准体系的恰当层次,同时还要兼顾不同子体系间的范围和边界切分清楚明确、条理清晰。

6.3.2 建设流程

国家突发事件预警信息发布标准体系按照创建型标准体系的建设流程,设计标准体系结构,对现行适用性标准进行收编,谋划需定制的标准。具体构建流程为:

(1)标准体系目标分析:分析确定标准体系的横向和纵向目标,确定标准体系的目标内容、目标标准与标准化研究。

(2)标准需求分析:以目标分析的定位结果分析体系中需求标准的缺项,按目标定位需求对现行标准和缺项标准进行需求分析,以填补现行标准空白,规划需制定标准。

(3)标准适用性分析:针对本标准体系外相关的现行国家、行业、地方和企业标准内容使用的适用性进行分析,并给出相应的分析结论。

(4)标准体系结构设计:构建标准分类,进行适合的体系结构关系的选择与细化。

(5)标准体系表编制:进行标准信息项的设计和标准汇总。

(6)标准制定、修订规划表编制:设计规划标准体系表信息关系,根据标准体系表的制定、修订项目进行编制。

(7)标准体系现行标准收集或汇编:根据体系表中所列现行标准进行收集,对业务标准进行汇编,以方便日常业务使用。

(8)标准体系编制说明撰写:对编写过程、章节和内容关系进行说明。

(9)标准体系的印发和宣讲:印发标准体系报告,并组织对相关单位和个人广泛开展标准体系的宣讲,以便有效地协同工作,推动标准的制定和实施。

(10)标准体系的使用及使用信息的收集和反馈:将标准发到使用处,以规章制度和文件进行标准实施推动,并配发标准使用信息反馈表,收集使用中存在的问题。

6.3.3 编制原则

(1)结合实际,理顺关系:结合标准化工作实际,对标准体系表在体系构建、内在逻辑关系等进行适当调整,构建起科学、合理的标准体系,更加符合预警信息发布的标准化工作需要。

(2)层次分明,系统全面:标准体系表涵盖国家预警信息发布中心预警信息发布业务的各个方面,包括现有的和预计发展的国家标准、行业标准、地方标准以及企业标准,涉及服务通用基础标准、服务保障标准和服务提供标准,尽可能达到结构完整、层次清晰。

(3)注重需求,突出重点:预警信息发布质控、发布效果评估等标准以发布业务质量需求为导向,作为标准体系的重要组成部分。标准制定和实施以创新和完善发布效果及信息质量为基础,注重发布质量的及时改进和反馈,提升预警信息发布业务的能效。

(4)动态机制,持续改进:充分考虑预警信息发布业务各环节以及未来发展可能涉及或深入的各个领域,如国、省、市、县四级一体化发布体系等,为未来业务发展预留空间,满足标准体系的动态管理和持续改进。

6.3.4 标准体系结构图

本标准体系规定了国家预警信息发布中心预警信息发布相关标准的体系框架、标准明细表等。包括了国家预警信息发布中心开展预警信息发布工作现有、应有和待扩展的标准。

本体系适用于国家级预警信息发布中心开展标准化预警信息发布业务。

国家预警信息发布中心预警信息发布标准体系层次结构见图 6-1。

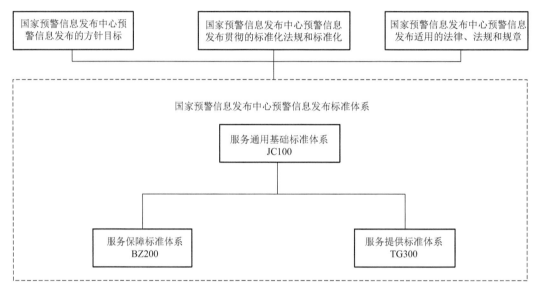

注:虚线框代表国家预警信息发布中心预警信息发布标准体系的边界范围。

图 6-1 国家预警信息发布中心预警信息发布标准体系层次结构图

国家预警信息发布中心预警信息发布标准体系结构图见图 6-2。

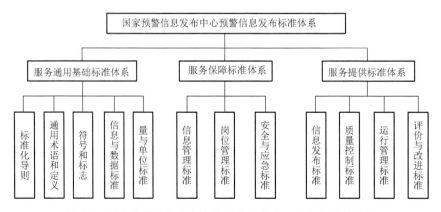

图 6-2 国家预警信息发布中心预警信息发布标准体系结构图

6.4 亟须制定的标准规范

为确保项目建设及运行管理规范化,以及各信息系统间的互联互通、互操作提供标准化保障,根据国家电子政务标准的总体系框架,国家突发事件预警信息发布标准框架包括基础综合、发布业务、平台技术、综合管理类标准四大类共计 38 项标准规范。通过和有关行业部门共建,今后,国家突发事件预警信息发布标准规范将分阶段逐步在该框架的基础上进行补充和完善。国家突发事件预警信息发布标准规范建设清单如表 6-1 所示。

表 6-1 国家突发事件预警信息发布标准规范建设清单表

分类	序号	标准名称
基础综合	1	预警信息严重性级别与编码规范
	2	突发事件应对行为名称与编码标准
	3	预警信息的影响范围编码规范
	4	预警信息的前导提示音标准
	5	预警信号的图标规范
发布业务	6	预警信息发布流程规范
	7	预警信息内容规范
	8	预警信息用语规范
	9	预警信息受众分类规范
	10	预警信息传播渠道编码规范
	11	预警信息反馈结果数据规范系列标准
	12	预警信息发布与传播时效标准
平台技术	13	国家突发事件预警信息发布系统开放式框架开发规范
	14	国家突发事件预警信息安全加密标准
	15	国家预警信息发布系统安全管理规程
	16	预警信息安全传输认证规范
	17	国家突发事件预警信息发布系统数据共享规范
	18	国家突发事件预警信息发布系统与部门预警业务系统对接规范
	19	国家突发事件预警信息发布系统与发布渠道系统对接规范
	20	突发事件预警信息通过北斗卫星广播的数据规范
	21	小区广播业务技术要求系列标准
	22	小区广播业务测试方法系列标准
	23	通过小区广播方式接收突发事件预警信息的手机终端标准
	24	多型号雷达基数据统一数据格式规范
	25	强对流精准预警区域数据规范
	26	分钟级短时强降水划分标准
	27	强对流精准预警检验技术规范
	28	互联网媒体播发预警信息管理规范
	29	国家突发事件预警信息发布系统基础业务数据库设计标准
	30	国家突发事件预警信息发布系统业务数据运行维护标准

续表

分类	序号	标准名称
综合管理	31	预警信息发布效果评估规范
	32	突发事件预警信息发布效果评价指标
	33	突发事件预警信息发布效果评价技术规范
	34	预警信息发布中心岗位设置规范
	35	各级预警信息发布中心职责划分
	36	国家预警信息发布系统故障处理流程
	37	国家突发事件预警信息发布系统运维保障管理制度
	38	国家突发事件预警信息发布系统值班制度

6.4.1 基础综合

基础综合类标准是贯穿整个标准体系的最基础的标准规范，此类标准将被发布业务、平台技术、机制与管理3类标准广泛引用，以术语、基础元数据编码、普适性标识等为主。当前亟待编制的标准包括预警信息严重性级别与编码规范、突发事件应对行为名称与编码标准、预警信息的影响范围编码规范、预警信息的前导提示音标准、预警信号的图标规范。

6.4.2 发布业务

发布业务类标准是在预警信息采集、制作、审核、发布、传播过程中所需要规范的业务类标准，主要包括预警信息发布流程规范、预警信息内容规范、预警信息用语规范、预警信息受众分类规范、预警信息传播渠道编码规范、预警信息反馈结果数据规范系列标准、预警信息发布与传播时效标准。

6.4.3 平台技术

平台技术类标准是解决预警信息发布业务平台建设中涉及的各类接口和技术规范的标准化问题，主要包括国家突发事件预警信息发布系统开放式框架开发规范、国家突发事件预警信息安全加密标准、国家预警信息发布系统安全管理规程、预警信息安全传输认证规范、国家突发事件预警信息发布系统数据共享规范、国家突发事件预警信息发布系统与部门预警业务系统对接规范、国家突发事件预警信息发布系统与发布渠道系统对接规范、突发事件预警信息通过北斗卫星广播的数据规范、小区广播业务技术要求系列标准、小区广播业务测试方法系列标准、通过小区广播方式接收突发事件预警信息的手机终端标准、多型号雷达基数据统一数据格式规范、强对流精准预警区域数据规范、分钟级短时强降水划分标准、强对流精准预警检验技术规范、互联网媒体播发预警信息管理规范、国家突发事件预警信息发布系统基础业务数据库设计标准、国家突发事件预警信息发布系业务数据运行维护标准。

6.4.4 综合管理

综合管理类标准是构建预警信息发布业务相关的组织机构、岗位职责、管理制度、评价体系等标准规范，主要包括预警信息发布效果评估规范、突发事件预警信息发布效果评价指标、突发事件预警信息发布效果评价技术规范、预警信息发布中心岗位设置规范、各级预警信息发布中心职责划分、国家预警信息发布系统故障处理流程、国家突发事件预警信息发布系统运维保障管理制度、国家突发事件预警信息发布系统值班制度。